月10万円ラクに稼げる

「ネットせどり」入門

浅井輝智朗
ASAI KICHIRO

日本実業出版社

もしも「あと10万円の副収入」があったら？——はじめに

この本を手に取っていただきありがとうございます。

本書は、家から一歩も出ることなく、月に10万円の副収入を得るネットせどりの方法を紹介するものです。

あなたの自由に使えるお金が、毎月あと10万円あれば、何に使うでしょうか？

・節約を意識せずにお金を使えるようになる
・もっといい家に住める、住宅や車のローンの支払いがラクになる
・ごはんのおかずが増える、ぜいたくなレストランや海外旅行に出かけられる
・親に温泉旅行をプレゼントできる、恋人へのプレゼントもできる
・車、服、時計・ジュエリー、バッグなど「欲しいもの」が買える
・結婚、教育資金、介護費用、老後などに備えて貯金できる

あと10万円の副収入があれば、いろいろな夢が広がるのではないでしょうか？

本書の目的は、いまあなたがイメージした生活を「ネットせどり」という副業によって手に入れることです。

◉会社の給料に頼らず「自分自身で稼ぐ力」を磨く

本書を手に取った方は、「給料プラスαの副収入」を得ることに興味がある人だと思います。会社の給料アップに現実味が感じられなかったり、転職や資格取得による収入アップに限界を感じたりしていることでしょう。多くの人にとって、月10万円の収入を増やすことは現実的ではないでしょう。

会社の昇給があまり望めない時代にあっては、サラリーマンをしていても、**給料以外に複数の収入源をもったほうがいい**と言えます。主婦（主夫）であっても、誰か一人の収入に頼るというのは、どうしても心もとないでしょう。

お金だけが大事というわけではありませんが、お金があることで守れるものがたくさんあることも事実です。お金にまつわる不安を解消し、望む生活を手に入れるために必要な「プラスαの収入」を稼ぐ方法を紹介するのが本書です。

副収入を得るノウハウは、アフィリエイト、個人輸入・輸出、投資、不動産経営など、他にも数えきれないくらいあります。

そのなかでも、**初心者が一定の結果を出しやすいものは物販です。しかも、日本語で売買できる「国内せどり」をおすすめします。**ネットビジネスの有名人でも、最初は「ネットせどり」から始めたという人も少なくありません。

◉初心者でも結果を出しやすいネットビジネス

「ネットせどり」は、ネットショップやオークションサイトで品物を仕入れ、それ以上の値段でアマゾンやヤフオク！で販売することによってその利ざやを稼ぐ、というシンプルなビジネスです。

この「ネットせどり」を覚えることで、早い人だと2～3か月後には月10万円の副収入を毎月稼ぐこともできてしまいます。100万円以上の年収アップも決して夢ではありません。

私もサラリーマンをしながら、現在は、多い月で１００万円以上の副収入を得ることができるようになりました。私がネットせどりの手法を教えているコンサル生からは、月に１００万円以上を売り上げる人が何人も誕生しています。

◉ネットショッピングが当たり前のいま「せどり」はチャンス

現在は、インターネットの普及にともない、インターネットを使って商品を買うということに対して、抵抗がない人が増えてきました。

ネットでの買い物が一般的になったおかげで、サラリーマンをしながらでも、月10万円の小遣いを稼ぐことができる環境ができています。

・この「せどり」にむずかしい資格は必要ありません
・自宅で家族と過ごしながら稼ぐことができます
・年齢・性別が制約となって稼げないということもありません

・資金は多少は必要ですが、月数万円からでも始められます

慣れるまでは大変かもしれませんが、**コツさえ押さえて軌道に乗せられれば、「ラクに稼げる」と実感する人も多い**と思います。

本書では、サラリーマンである私が副収入を得ている「ネットせどり」の基本をていねいに紹介することによって、みなさんの副収入稼ぎが早く軌道に乗せられるようサポートいたします。

２０１４年３月

著者　浅井輝智朗

『月10万円ラクに稼げる「ネットせどり」入門』もくじ

第1章

「ネットせどり」って本当に稼げるの？

第2章

稼げる商品を見つける「ネット検索」テクニック

第3章

アマゾンで稼ぐための「相場情報」のつかみ方

第4章

アマゾンでもっと稼ぐための「目のつけどころ」

第5章
ヤフオク！の「心理戦」を制して稼ぐ方法

第6章

稼ぐ人だけが知っている「プレミア商品」の目利き法

第7章 月100万円以上稼げる「家電」攻略法

※本書で紹介している情報は執筆時点のものです。商品の価格は随時変わります。また、当書籍で紹介しているノウハウを実践するにあたり、不利益・損害・実績が得られない等の場合でも、執筆者・出版社は何ら責任を負うものではありませんので、ご了承ください。

カバーデザイン◎小口翔平＋西垂水敦（tobufune）
本文デザイン・DTP◎初見弘一（アスラン編集スタジオ）

第1章

「ネットせどり」って本当に稼げるの？

「ネットせどり」とはどういうネットビジネスなのかを説明します。どんな人でも基本さえ押さえれば稼げるビジネスであることを紹介します。

NET SEDORI

ネットせどりって何?

そもそも「せどり」とは何でしょうか? せどりは、競取り、糶取り、背取りなどと表記されることもあります。一般的には「古本で掘り出し物を転売して利ざやを稼ぐ」商行為を指す言葉として知られています。

私が「せどり」を知ったのは、小学校6年生のころでした。インターネットも、携帯電話もない時代でした。当時はショップ間で、高値で買い取ってくれる品物を探す「目利き力」が必要な時代でした。頼れるものは自分の目利きのみ、店頭に珍しい物が売っていても、自分の記憶と照らし合わせ仕入れるしかありませんでした。

インターネット環境の充実によって、この「せどり」にも変化が起きました。

まず扱う品物の幅が広がりました。昔は「せどり」というと本と言うイメージだったのですが、いまではもっと高価格帯のＣＤやゲーム、ＤＶＤやおもちゃ、家電製品などを販売できるようになりました。

以前は売値などもわかりませんでしたが、ここ数年の間に、ツールやアプリを使えば、アマゾンの販売金額もおおむね予測できるようになりました。商品のコードを入力するだけの簡単な作業です。

ネットで仕入れて販売し、売買の価格差を稼ぐ

何より最大の変化は、仕入れもネットだけでできるようになったことです。**ネットにつながる環境さえあれば、外出先でもせどりができるようになりました。**

このように**ネットで仕入れて販売し、売買の価格差を稼ぐビジネスを「ネットせどり」**と呼びます。このネットせどりは、職種や住んでいる地域を選びません。仕事帰りにリアル店舗に行く時間のないサラリーマンや、子育てをしていて働きに出られない主婦の方など、多くの人がスキマ時間を使って始めることができます。

私の知人やコンサル生のなかには、本業よりも稼げるようになり会社を辞めて独立した人もいますし、子育てと両立させながら稼いでいる人もいます。

■「せどり」ってどういうもの？

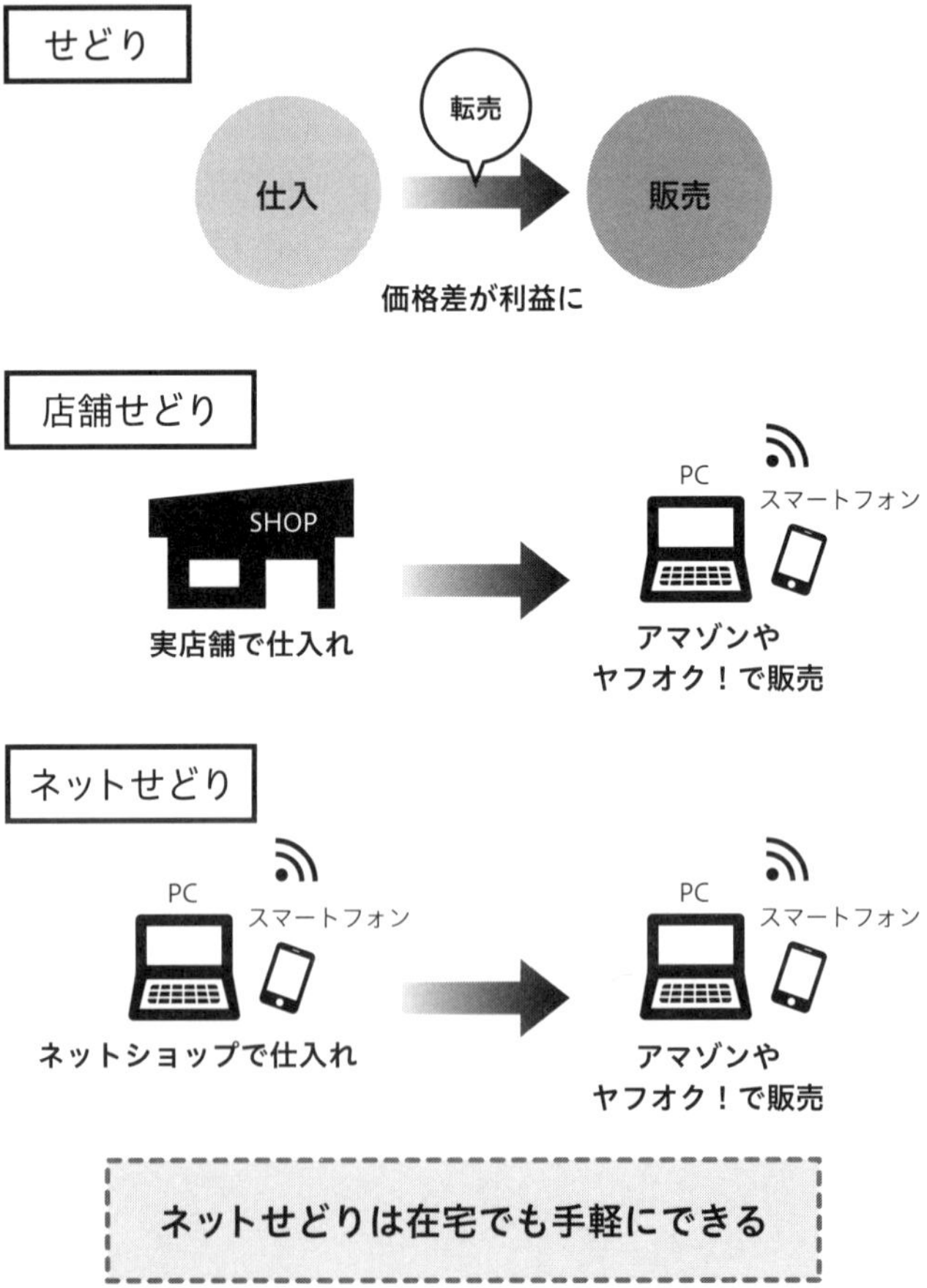

「店舗せどり」と「ネットせどり」

「店舗せどり」は、その名のとおり、ゲオや、ツタヤ、ブックオフなどのリアル店舗に行き、アマゾンなどで高値で売れる品物を仕入れてきて販売する方法です。掘り出し物などを見つけられる可能性が高いことにくわえて、複数個購入することも簡単です。

「ネットせどり」は、アマゾンなどで高値で売れる品物をネット上のさまざまな店舗から仕入れて販売する方法です。

どちらにしても仕入れさえできればよいのですが、私は「ネットせどり」をメインにしています。というのは、私が大阪の郊外に住んでいるからです。都心と郊外・田舎では人口の多さが違うため、店頭にある商品の種類や物量に差があり結果的に仕入れができる量に大きな差があります。

ネットせどりであれば、地域の人口や物量などは関係ありません。私が住んでいる大阪であろうと、北海道であろうと、沖縄であろうと始められます。厳密に言うと、近畿が送料面で若干有利な面はありますが、基本的に平等だと言えます。

NET SEDORI

なぜアマゾンやヤフオク！で稼げるのか？

この「ネットせどり」で稼ぐことができるという話をすると、これだけインターネットが発達していると価格差が生まれにくいので、転売でまとまった利益が出せるのかと疑問に思う人もいるかもしれません。

価格差が生まれる理由がわかれば、なぜ稼げるのかもわかります。

需要と供給のギャップが価格差を生む

商品の価格は、市場に出回っている商品の供給量と、その商品を求める需要量の「需要と供給のバランス」で決まります。この**需要と供給のギャップが価格差を生みます。**

商品量が多くて欲しがる人が少ないのであれば、値段は安くても買ってもらえないかもしれません。反対に、商品量が少なく欲しがる人が多い商品は、通常の値段よりも高いお金を払ってでも手に入れたいと思う人もいます。これがいわゆる「プレミア」です。プレミアとまではいかなくても、なかなか手に入らない商品があり、多少高いお金を払ってでも欲しい人がいれば、仕入れ値よりも高く売ることができます。

そして**お店によって、お客様の好みや購買行動が異なります**。

例をあげると、アマゾンで品物を買う人の多くは、すぐに商品を欲しい人や、面倒な手続きが嫌な人、リアル店舗に行く時間がない人などです。

ヤフオク！の場合だと、1円でも安く買いたい人が多く集まってきます。ふだんからアマゾンで品物をよく買う人は、ヤフオク！では安くても買わない傾向が強いと言えます。

購入者がそのネットで買い物をするときの心理を考えても、同じ品物でも価格にはおのずと差が出るということです。

ぜひこれらの価格差が生まれるメカニズムは知識として覚えておいてください。

NET SEDORI

ネットせどりに必要なものは？

ネットせどりで稼ぐために必要なものを紹介します。

◉パソコン本体・プリンタ・インターネット環境

本書を読んでいるあなたであれば、このあたりはすでにおもちでしょう。プリンタは品物を送るときに納品書などをプリントアウトするために必要となります。

◉クレジットカードまたはデビットカード

アマゾンで出品用アカウントを作るにはクレジットカードが必要です。クレジットカードは何らかの理由で作れないという方は、デビットカード（金融機関の預金講座から即時引落しによって買い物ができるカード）を作る必要があります。

◉電話

アマゾンで会員登録する際には電話での認証作業が必要です。

◉梱包材（ハサミ、カッターナイフ、ガムテープ、ダンボール、封筒など）

ダンボールは家にない人も多いと思いますが、スーパーやコンビニなどでもらってくればよいでしょう。商品を自分で発送するのであれば、ホームセンターなどで無地のダンボールを買ってきておいたほうがよいでしょう。商品に貼りつけするシールや、梱包するときに使う、クリスタルパックやエアキャップ（プチプチ）もあるとよいでしょう。

資金的に余裕があるなら、仕入れた商品を登録する際に使う数千円のバーコードリーダーや、梱包時に熱でプチプチなどを切ってキレイな梱包にするためのシーラーという道具もあると便利です。

道具がネックになってネットせどりができない人はほとんどいないでしょう。

NET SEDORI

初期費用はどのぐらい必要なの？

初期費用についても、多くの方が関心をもつところだと思います。

例えば1万円以下などの低額から始める方法もあります。ゼロ円で仕入れたものや家にある不用品を販売して稼ぐ方法や、注文を受けてから仕入れる無在庫販売で稼ぐ方法もあるにはありますが、現実的ではなくおすすめできません。

どのぐらいの金額を用意するべきかは、初期の目標金額によっても変わってきます。少なくとも5万円ぐらいを資金として用意しておいたほうがよいでしょう。

初心者の方の場合、利益率はおよそ20％を取れればよいほうです。例えば初期費用5万円を用意して、商品を仕入れたとして、利益率20％の1万円の利益を出せれば上々のスタートです。

資金によって取れる戦略が変わってくる

せどりのビジネスは基本的には平等なのですが、資金1万円で始めるAさんと、資金100万円で始めるBさんとでは取れる戦略が異なります。

少し極端な例ですが、数字を使いながらシミュレーションしてみましょう。

例えば資金1万円のAさんは、1品5000円の品物を2品仕入れれば、資金がゼロになってしまいます。一方Bさんは、同じ5000円の品物を仕入れる際に、200品仕入れることができます。

同じ比率で売れると仮定して、1か月後に半分の品物が売れたとしましょう。

Aさんは、2品仕入れたうちの1品だけ売れ、Bさんは、200品仕入れた品物の半分100品が売れています。

利益が1品1000円だとすると、Aさんの売上は6000円、Bさんの売上は60万円が残ります。

次にAさんが再び5000円の品物を1つ仕入れたとして、残りは1000円です。5000円の品物をもう1つ仕入れられるのはまだまだ先です。

一方Bさんは、すでに10万円の利益が出ているので、さらに5000円の品物を20個多く仕入れることができます（合計120個の仕入れ）。

つまり、お金を大きく膨らませることができるのは、圧倒的に後者です。ただ、せどりは、このような単純なものではありません。仕入れや販売の方法を工夫することによって、どんどんお金を増やしていくことができます。

資金が1万円しかなくても、1000円で仕入れて2000円で1か月以内に販売できる品物を見つけて、10品仕入れれば、最初より残る金額は増えます。

資金がたとえ100万円あっても、1品100万円の品物で、3か月かからないと売れないものを仕入れてしまったら、いくら利益が1品30万円あっても、手元資金がゼロになってしまい効率的とは言えません。

この資金管理という部分で、回転物（売れるまでの期間が短いもの）とロングテール（ニッチな商品で時間をかけて売るもの）を意識することで、誰でも資金を増やすことができるのです。

資金がそれほど多くない人は、最初は遅くても1か月以内にすべて売れてしまうような、資金回収の早い品物を狙ってください。出せばすぐ売れるような品物を多く扱

■仕入➡販売を繰り返すと

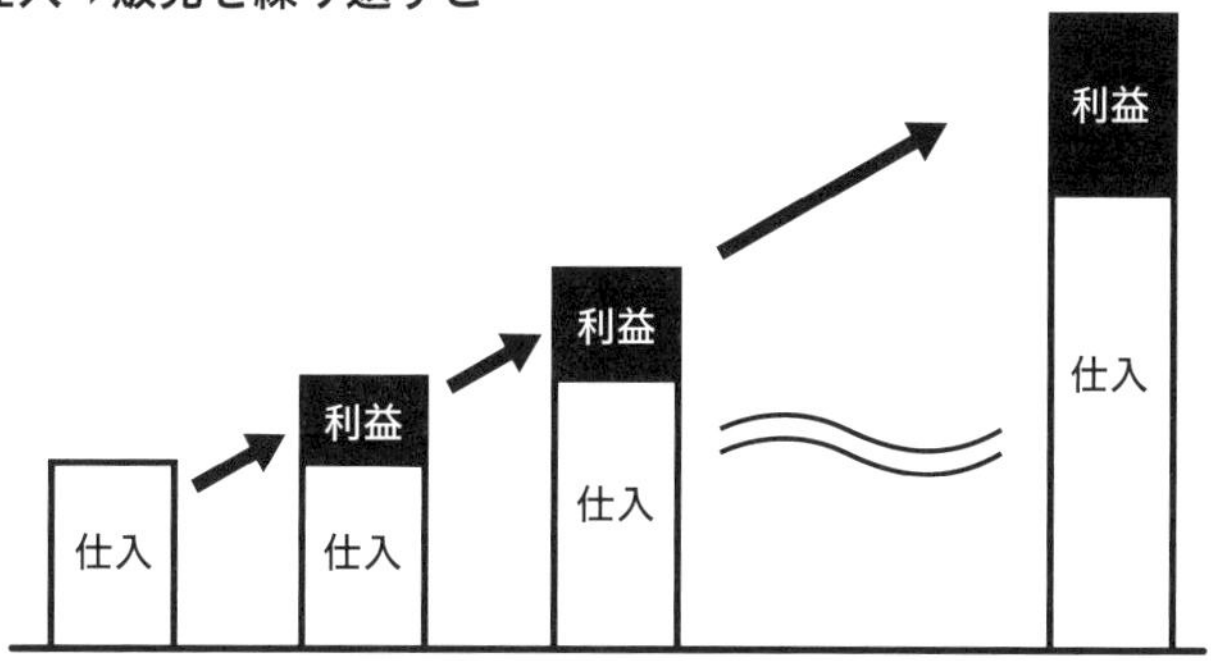

早い人だと２～３か月で利益10万円

うのが一番の理想です。１品あたりの利益額は、５００円程度でもよいと思います。資金がないうちは仕入れから販売へ、そして次の仕入れへと再投資する、という回転をどれだけ増やせるかが大切です。

資金が潤沢にある人は、売れるまでに２～３か月かかるような品物でも、利益額が大きければ扱っていくとよいでしょう。この場合も全部ロングテール品にしてしまうと、先ほどの１００万円の品物を買った人と同じで、資金が回らなくなりますので、回転商品と、ロングテール商品のバランスを考えながら、儲かったお金は使わずに再投資し、資金がどんどん膨らむイメージで仕入れをしていってください。

どのぐらいの時間をネットせどりに使っているのかも、興味のある部分だと思います。

私の場合は、平日は会社からの帰宅後の1時間ぐらい、休日はだいたい2～3時間ぐらいです。これで毎月100万円ぐらいの利益は出せています。

こうした時間や金額は、コツをつかんで慣れてきたときにそうなるという話です。最初は稼げる商品を見つけるまでにはどうしても時間がかかるものです。無事に仕入れられたとしても、売れるまでに時間がかかってしまうこともあります。

なかには「2～3日やってみたけど、まったく稼げませんでした」という人もいますが、コツをつかむまでには時間がかかるものです。その時間を少しでも短くするために本書があります。

「稼げる商品リスト」よりも大切なもの

稼げる商品リストの活用法

「稼げる商品リスト」のようなものをネット上で見ることもあります（次ページ表に私が販売した商品のリストを載せておきます）。わざわざお金を出してまで買う必要はないと考えますが、リストを見ることができるなら見ておいたほうがよいでしょう。

その品物を買えばよいとすすめているわけではありません。その品物自体は多くの人が見ることによって稼げない品物になるかもしれません。ただ、その品物が本当に稼げていた品物なら、その品物が売れていた理由を知ることで視野が広がり、他にも稼げる商品を探すことができるからです。

本書では、基本を押さえたうえでの視野を広げたリサーチ法も紹介します。

本書は、そうした稼げる商品リストよりも、稼げるようになるための基本を中心に解説しています。1つひとつは、小さなことであっても、紹介していることを確実にやっていけば、月10万円程度の儲けであれば、遅かれ早かれ到達できると自負しています。利益が取れるような商品を見つけるコツをつかむまでは、本書の内容を実践すれば、早く軌道に乗せられるはずです。

■実際に販売した商品の一例

メーカー・品名・品番	仕入れ値	売り値
RICOH リチャージャブルバッテリー DB-43 172340	500円	**4,095円**
ふわりぃランドセル 10 ベーシックモデル ハーバーブルー クラリーノ F 03-50225	5,700円	**12,800円**
山善（YAMAZEN） ミニマット（40角） ホットカーペット YMM-K402	1,190円	**3,480円**
Mgirl 2009 春夏版 （実用百科）	1,600円	**17,800円**
TANITA 体組成計 左右部位別インナースキャン 50V シャイニーシルバー BC-621-SS	10,620円	**18,789円**
パナソニック LED 電球シーリングライト （防湿・防雨型）Panasonic HH-LC250N	4,448円	**12,159円**

どうやって仕入れて、販売したのか、
基本になるノウハウをていねいに紹介

NET SEDORI

せどりにはどんなリスクがあるのか？

どのようなリスクがあるのかという点についても話しておきましょう。

ネットせどりのデメリットはそんなにありません。

最初、商売が軌道に乗るまでは少し大変かもしれません。そして、商品の梱包や発送作業などの仕事も増えて忙しくなります。ただ、忙しいということは儲かっていることでもあるので、そんなに苦痛を感じることはなく、むしろ楽しくなってくるでしょう。

発送作業はアマゾンのサービスを利用することもできます。購入者とのお金のやりとり（決済）もアマゾンがやってくれるので、金銭のやりとりでトラブルになることはほとんどありません。

商品が売れ残り、仕入れにかけたお金を回収できないリスクを心配する人もいるかもしれません。このリスクは、質の高い情報を入手する仕組みを作ることができれば、仕入れそのものの精度を上げることができ、売れる商品をリサーチできるようになってきます。

敷居が低くてリスクもあまりないとなると、競合が多くなるという点はあります。ただ、本書で紹介するノウハウを活用すれば、そうした競合は競合ではなくなるでしょう。

収入源を1つに絞ることこそリスク

本書を読めば、せどりをする人のなかの上位数パーセント層に入れます。

最大のリスクは、会社や夫からなど収入源を1つに絞ってしまうことだと思います。小遣い程度の副収入があればうれしいなと思って本書を手にとったあなたも、もし何らかの事情で会社を辞めることになったとしても、このせどりで生計を立てる稼ぐ力がある、と思えることは何よりのリスク低減になると思います。

第 2 章

稼げる商品を見つける「ネット検索」テクニック

「ネットせどり」で儲けられるかどうかは、儲けにつながる情報をどれだけもっているかで決まります。本章では、情報をすばやく簡単に入手するノウハウを紹介します。

NET SEDORI

儲けは「情報フィルター」で9割決まる

「今月出た、○○のCDがいまアマゾンで欠品中だけど、売っている店知らない?」

「○○のアニメが、今度映画化するらしいよ。上映されたら見に行こうよ」

「今日から、近所の○○電気が閉店するらしいね。全品50%オフみたいだよ」

こんな話をまわりの人から聞いたことはありませんか?

すぐ聞き流してしまいそうな何気ない会話ですが、どれも稼ぎに直結する情報です。こうした**会話をヒントとして発想を広げていけば「儲け」につながる**ことがあります。

先日あった私の例で言うと、「いま、たまたま見たサイトでゲームのセールをやっているよ。見てみたら?」と姉から私の携帯電話にメールが来ました。

「セールが始まっている」というだけの情報でしたが、売っているものを数点聞いて、稼げるセールだと直感しました。

すぐにそのサイトにアクセスすると、980円で買って4000円ほどの値段で売れるゲームソフトが複数ありました。それらを仕入れて販売し、合計3万円ほどの利益を出せたのです。

稼ぎにつながる情報は身近な人からやってくる

このように稼ぎにつながる情報は、身近な人から来ることがよくあります。情報は必ず人からやってくるものです。「どの情報が稼ぎにつながるか？」を意識するだけで、**稼げる情報が飛び交っていることに気づくようになります。**

これをふだんから意識しておけば、どんどん情報感度が高くなります。稼ぐ人は、情報をキャッチするフィルターが普通の人とは違うのです。これらのフィルターの精度は、意識次第でいくらでも高められます。フィルター自体がよいものになれば、何気なく入ってきた情報を「稼げる情報」に変えられるようになります。

ぜひ「稼げる情報がないか」をふだんから意識してみてください。

NET SEDORI

稼ぎは「情報収集スキル」で決まる

ネットせどりで稼ぐためには、稼げる情報を集める「情報収集スキル」がとても大切です。情報によって仕入れを判断し、販売することになるからです。

情報は必ず「人」から集まってきます。ネット上の安値情報も、結局ネットという環境のなかで、「誰かが発信した」セール情報を集めているにすぎません。**効率のよい「情報の集め方」を知っているかどうかで、稼ぐ額に差が出てくる**のです。

情報を集めるときのポイントとしてまず意識するべきことは、「**安さ**」です。

せどりは、仕入れ値よりも高い値段で売って差益を稼ぐビジネスです。当然ながら、安く仕入れることがポイントになります。セール情報については敏感になることが大切です。

そしてもう1つは「**人気・流行**」です。どんなジャンルの商品にも人気や流行などがあるはずです。「欠品情報」は、非常に参考になる情報なのでとくに注目してください。つまり、ある品物を欲しがっている人に商品が行き渡っていないことになります。ここに需要と供給のギャップが生まれるために、多少高い値段であっても買いたいという人がいます。ここにビジネスチャンスが生まれるのです。

では実際に、情報の集め方を7種類ほど書いていこうと思います。

1．友人・知人（仲間）との何気ない会話

会話の重要性は前述しましたが、ネットせどりで稼いでいるという話を友人や知人に言っておきます。すると、セールをたまたま見た人が、「いまネットショップでDVDが70％オフのセールをしていたけど見てみたら？」というセール情報を教えてくれる場合があります。自分だけでは知りえなかった情報を入手できます。

2．雑誌から、プロが厳選した情報を入手する

雑誌は大きな情報源であり、トレンドを知ることができる媒体でもあります。

「これから流行るもの」「いま流行っているもの」が誌面で紹介されます。雑誌は、

プロのライターや目が肥えた編集者がつくっているので、情報の質も高いものが多いと言えます。

関連雑誌をまとめて買うだけで、数か月もすればその道のプロ並みの知識を得ることもできます。関連雑誌の表紙を見るだけでも「どの有名人にいま人気があるのか」「どんな品物が流行っているのか」がすぐにわかります。

私がおすすめする雑誌は、『日経エンタテインメント！』です。お笑い、アイドル、人気俳優と幅広く一通り押さえられるので参考になります。

3．新聞チラシ・ネットチラシからのセール情報を得る

新聞チラシがネットで見られるサイト「Ｓｈｕｆｏｏ！（http://www.shufoo.net/）」などで情報を集めましょう。日本全国のチラシをネット上で無料で見られます。

使い方は簡単です。郵便番号、または、調べたい店舗の名前などを入れて検索するだけで関連するチラシが見つかります。

スマホをもっているなら、同じ名前「Ｓｈｕｆｏｏ！」で、アプリもありますので、

ぜひダウンロードしておいてください。外出先でもチラシで情報を探せますので、外出先から立ち寄ることもできます。

4. インターネット・SNSから情報を得る

「こういうところでこういう品物を買いました」「いま駅前で閉店セールをやっています」などの情報を発信しているブログや、各種SNSがあるのでそれを探し出し、そのなかで使える情報を見つけ出し、稼げる商品を見つけていく方法です。

「人気ブログランキング」などの情報を見てもよいかもしれません。ただ、何の根拠もなく、前作がプレミアだったからなどの理由で、これを買えというような情報を書いている人は、アフィリエイト（広告収入）目的である情報発信者も多いので見極めが必要です。

5. テレビで特集や話題の人に注目する

テレビでの特集で、一気に人気に火がつくこともあります。テレビの情報紹介番組や通販番組などは稼げるネタがたくさん見つかります。

6. お店の人から商品情報・在庫情報を教えてもらう

ネットせどりをやっていく際には、リアル店舗は大きく関係はしませんが、お店の方の知識・情報は目を見張るものがあります。店頭に来たお客様に、商品の説明をしないといけないので、多くの知識や経験をもっています。そのお店に目当ての品物がなくても、違う店舗の在庫を調べてくれるチェーン店もあります。

商品情報以外の他の競合店の情報についてもくわしく、なかにはライバル店で確認した在庫情報などを教えてくれる人もいます。

私の例で言うと、先日、店員さんから聞いた情報をもとに、1台数万円稼げてしまう家電を他店舗で大量に仕入れることに成功しました。

店員さんに話を聞いてみると、思わぬ情報を入手できることもあります。

7. 疑問や悩みは質問サイトで解決する

質問サイトで情報を検索する方法で、疑問や悩みを解決することができます。有名なサイトでは、Yahoo!知恵袋や、OKWave、教えて!gooなどがあります。そこには、たくさんの人の悩みや質問が書かれていて、自分と同じ疑問や不安に対して回答が寄せられています。

例えば、あなたがアマゾンに返品しようと思ったけど、方法がわからなかったとしましょう。質問サイトで「アマゾン　返品　方法」と入れて検索すれば、同様の悩みがすでに相談され解決されています。質問サイトで検索すればすぐに解決できることもあります。

なかには商品情報や、いま在庫切れしている品物がどこで売っているかという情報が見つかることもあります。

閲覧するだけでなく、自分が質問する方法もあります。基本的には自分の聞きたいことを入力すれば解決するための方法をアドバイスしてもらえるので、ぜひ使ってください。

NET SEDORI

知らないではすまない！「偽物」の見極め方

ネットせどりでは、安く仕入れるためのルートを探すことが重要です。その際に気をつけたいのが、偽物商品をつかまされるリスクです。

オークションで品物を仕入れていると、偽物が売られていることがあります。それを偽物だと気づかずに仕入れて、販売してしまった場合、お客様からクレームが入り、商品代金を返金することになったり、アカウントを閉鎖することになったりする可能性があります。警察沙汰になるケースもあるので、注意が必要です。

とくに偽物に気をつけたいのが、アップル系・任天堂系・ディズニー系・ダイエット系の品物です。これらの会社は偽物対策に熱心に取り組んでいますが、それでも海外から偽物が入ってくるようです。**偽物だと知らないで仕入れてしまっても、「知りませんでした」ではすまないので注意が必要**です。

だまされないためには？

オークションサイトから仕入れる場合は、出品者の取引実績をチェックするとともに、一般的な価格よりも異常に安いもの、説明文がカタコトの日本語の場合、出品者が海外の場合などは、相手について出品者評価を見ながら、あやしいと思ったらやめておくことも必要です。

特定の商品が偽物ではないかを見極めたい場合は、グーグルで、「商品名○○○偽物」などで検索すれば、その見分け方を教えてくれるサイトなども閲覧できます。

日本で正規メーカーがある場合は、偽物には注意するようにと喚起しているサイトがあるので、きちんと調べてから買うようにしてください。

万が一、買ってから偽物だとわかった際には、相手に返金を要求するなど、泣き寝入りは絶対にしないでください。ヤフオク！やアマゾンのアカウントを閉鎖されては販売者も商売にならないので、意外にすんなり対応に応じることもあります。

残念ながら対応に応じない場合は、警察に行って対応してもらうことになりますが、手間がかかる割には、よい報告を聞いたことがほとんどありません。ただ、警察に行くことによって、ヤフーなどでは補償が受けられることもありますので、金額によって適宜判断して、対応をしていくのがよいと言えます。

特定商取引法に基づく表記も確認する

ネットショップが詐欺サイトではないかどうかを見極めるには、特定商取引法に基づく表記や、店舗扱い責任者の氏名や住所などの欄を必ず見るようにしてください。日本でオンラインショップを運営する際には、これらの記載が義務づけられています。

近年、ネットショップで品物を買って決済しても、品物が届かないショップも増えています。アマゾンや楽天、ヤフーのモールに入っている店舗だとほぼ問題ないですが、それ以外のネットショップで、価格が異常に安い場合や日本語が不自然な場合、特定商取引法の表記がない店では買わないようにし、会社の住所や電話番号を必ず見てください。詐欺会社は載せていないケースが多いようです。会社概要、従業員数、レビューの評価などをもっともらしく書いているショップもありますが、ネットではいくらでも嘘を記載できますので注意が必要です。

■特定商取引に基づく表記

1. 販売価格（税込み表示）
2. 送料並びに購入に付帯する費用（振込手数料・代引き手数料など）
3. 代金の支払い時期並びにその方法
4. 商品の引渡し時期
5. 返品に関わる条件
6. 事業者名称（氏名）、住所、電話番号、メールアドレスなどの連絡先
7. 営業時間・問合せ時間・休業日など
8. 責任者氏名
9. 申込みに有効期限がある場合は、その期限
10. 不良品・破損品時の対応
11. 販売数量の制限やその他特別な販売条件があるなら、その内容

NET SEDORI

人よりも早く「セール情報」を入手する方法

ＳＮＳの登場により、リアルタイムで自分が探している情報を集められるようになりました。リアルタイムの情報を人よりも早くキャッチできれば、いち早く稼げる商品を仕入れられるチャンスになります。

何気ない書き込みのなかに、有益な情報が紛れているものなので、それを教えてもらうイメージです。

例えば、ツイッターだと、「何気なく行った○○ストアで閉店セール開催中なう！」などと書かれていることがあります。リアル店舗の場合は、そうそう足を運べないこともありますが、ネットであればすぐに購入できることもあります。

このＳＮＳを効果的に活用すれば、自分だけでは知り得ない情報を得ることができるので使わない手はありません。

■リアルタイム検索でいち早く情報を入手する

多くの人の興味やセール情報がリアルタイムでつかめる。

とくにおすすめなのが、ヤフーの「リアルタイム検索（http://search.yahoo.co.jp/realtime/）」です。

調べたい言葉を入力して検索すると、その言葉にヒットするものが表示されます。

これを使うと、ツイッターなどに書き込まれた情報を瞬時に入手できます。なかには、店舗のアカウントがセールの告知をしている場合もあるので、本当に便利です。他にも何社かリアルタイム検索ができるサイトはありますが、圧倒的にヤフーのものが使いやすいので、ぜひこちらを使ってみてください。

NET SEDORI

ブラウザは「グーグルクローム」を使う

ネットせどりを行なうなら、ブラウザをインターネットエクスプローラーからグーグルクロームに変えることをおすすめします。

ブラウザを、グーグルクロームにするのにはわけがあります。

まず、他のブラウザに比べて、処理速度が圧倒的に早く、画面がすぐに表示されるので、リサーチ時間を短縮できます。

さらに、「拡張機能」が優れているために、大きな利益を上げられます。拡張機能とは、独自の機能を無料でつけることができるものです。

ネットせどりで使える拡張ツールを活用すれば、インターネット上で最安値で販売している店舗を簡単に発掘できたりします。

グーグルクロームをダウンロードして、拡張機能を使うステップを説明します。

①方法は、グーグルクロームをダウンロードして、ブラウザを開きます。
www.google.com/chrome
②開くと右上に横線が3本入ったマークがあるのでそこをクリック。
③一覧が出てきますので、設定(S)と書かれた部分をクリックしてください。
④そして、画面が切り替わったら左の一覧に、「履歴」「拡張機能」「設定」「ヘルプ」が表示されていますので、そこから「拡張機能」を選び、一番下の部分に表示されている「他の拡張機能を見る」をクリックしていきます。
⑤Chromeウエブストアという画面になるので、そこで、「ストアを検索」という検索窓が表示されています。せどりに使える、拡張機能を入れていきます。

例えば「クローバーサーチB」や「自動価格比較／ショッピング検索（Auto Price Checker）」などと検索語句に入れてみてください。

「クローバーサーチB」という拡張機能を試しに入れてみると、ネットで販売している商品が、アマゾンの画面上に最安値順に価格が表示されるようになるので、リサー

■拡張機能を活用する

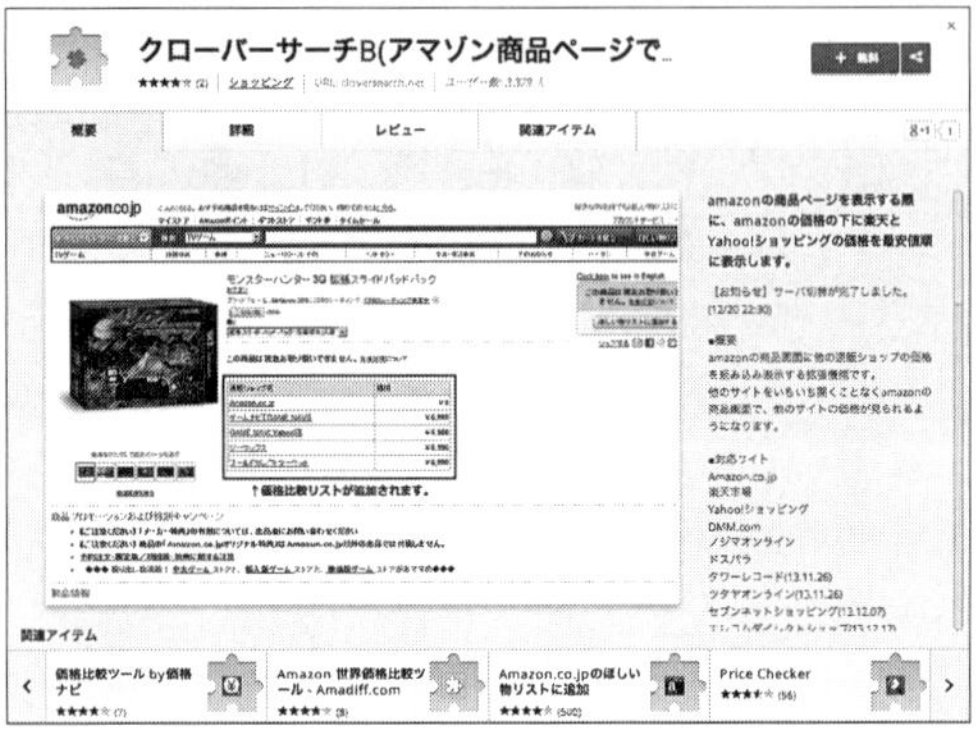

グーグルクロームの拡張機能「クローバーサーチＢ」。ネットで販売している商品が、アマゾンの画面上に最安値順に価格が表示される。

チが本当にラクになります。

他のおすすめ機能は、「ヤフオク！のユーザーＩＤ切替」です。これも複数アカウントの切り替えが簡単になりますので、ぜひ使ってみてください。

これらの拡張機能は、他にもたくさんありますので、ぜひいろいろ検索して、思いもつかない自分なりの拡張機能を探してみるといいでしょう。

NET SEDORI

膨大な検索結果から「欲しい情報」を絞り込む

多くの人は、検索窓に調べたい言葉を入れて、出てきた検索結果ページを上から順番に見ていきます。ページが多ければ多いほど自分の欲しい情報がなかなか見つけられない場合があります。

例えば「楽天スーパーセール」というワードで検索すれば、グーグルでもヤフーでも1950万件の検索結果が表示されました。これでは情報が多すぎるので、このなかで、直近に書かれたものを抜き出す方法をお教えします。

◉ヤフーの場合

検索語句を入れて検索ボタンを押します。検索件数の下に「絞り込みツール」という部分があります。そこをクリックすると、「時間で絞り込む」という項目があるので、そこの日数を1週間以内などと区切ります。そうすれば、その1週間以内に更新されたページが画面上に表示されます。

◉グーグルの場合

基本的にはヤフーと同じです。検索語句を入れて、検索ボタンを押すのですが、そのあとに「検索ツール」という項目をクリックして、「期間指定なし」となっている部分をクリックして「1週間以内」などと区切ります。すると、その検索した語句の最新のデータだけが画面上に表示されます。

ここでは、楽天スーパーセール時に、最近更新したデータを表示する方法を紹介しましたが、いくらでも応用が効くので仕入れの際には本当によく使います。応用方法としては、「DVD　セール」などと入力してグーグルで検索し、更新期間を最新にする方法です。こういった方法で、さまざまなセールを探せます。

「ネットせどり」をする際は、これを知っているか、使いこなせているかで、稼ぎに大きく直結しますので覚えておいてください。

NET SEDORI

「RSS」を使い倒せば稼ぎもアップ

「RSS」をご存じですか？　簡単に言うとWEBページの更新情報を教えてくれる技術のことです。ネットせどりでは、インターネット上で稼げる品物・稼げるキーワードを登録しておけば、自動で通知してもらえるので、時間をあまりかけずに情報収集できます。

ヤフオク！で稼げる商品を見つけたとします。次にそのような商品を見つけようと毎回検索していては時間と手間がかかります。そこで、RSSを使って商品名を登録しておけば、その品物がオークションに出品されたときに自動的に通知してもらえます。

RSSリーダーを使って、「品物」を追いかけたり、利益を出しやすい商品を販売している「出品者（仕入先）」を追いかけてみるとよいでしょう。

登録のときに意識することは、事前にオークファン（144ページ参照）と、アマゾンで価格差が過去に出ている品物を登録していくことと、一度でも利益が出せた実績のある品物を1つひとつ登録していくことです。登録するワードやページが増えるごとに稼げる金額が増えていくと言っても過言ではありません。これをやるだけで月10万円ラクに稼げるようになる人もいます。

海外のＲＳＳで性能がよいものもありますが、ライブドアリーダー（reader.livedoor.com）が日本語で使えて、比較的簡単なのでおすすめします。

ここは本当に稼ぐためには重要な部分ですのでくわしく説明しておきます。やることは単純です。

①ライブドアリーダーに登録する。
②ヤフオク！で、商品名を入れて検索。
③検索したときに、右下にＲＳＳと言うボタンがあるのでクリック。
④リンクがバナー部分に出てくるのでそれをコピー。
⑤ライブドアリーダーの左の追加というボタンを押す。

■登録するワードやページが増えるごとに稼げるライブドアリーダー

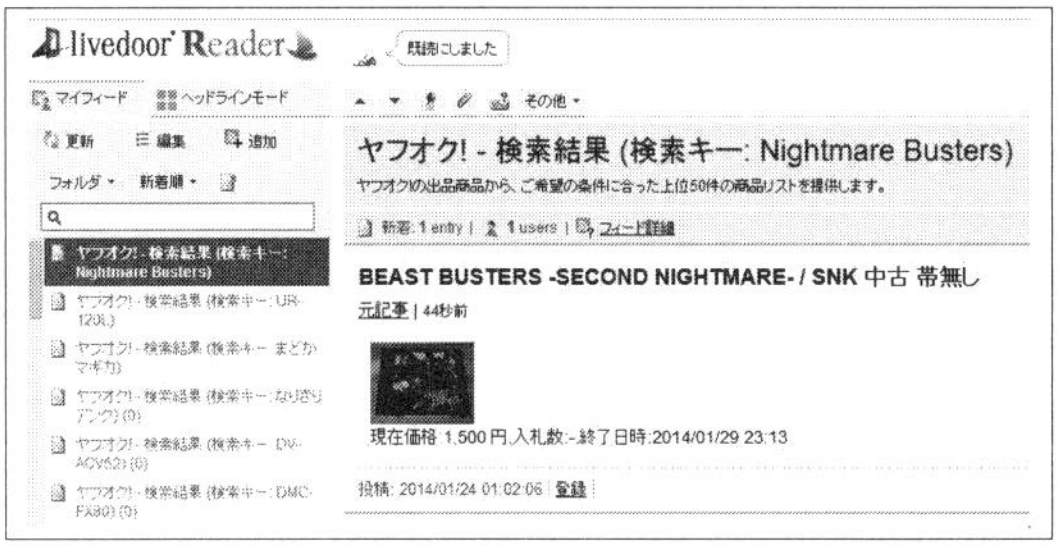

⑥リンクを貼りつける。

⑦定期的に更新ボタンを押せば、登録したものが出品されたら表示される。

⑧サイト上で利益が取れるなら、入札して一つでも多くの品物を買う。

ちなみに、ヤフオク!の場合だと、RSSのボタンはRSSと書かれたオレンジのボタンがあります。

ぜひ試してみてください。

NET SEDORI

情報は「受信」よりも「発信」が大切な理由

情報は「受信（入手）」するだけではなく、「発信」することが大切です。情報を積極的に発信していくことで、情報はさらに集まってくるようになります。これは中級者・上級者だけでなく、初心者についても当てはまることです。

情報は「（相手に）ください」と言って集めるだけではなく、どんどん自分からもフェイスブックやツイッターを使って発信したほうがよいと私は考えています。ツイッターであれば、匿名でも気軽に発信できるのでぜひ始めてください。

発信する内容は、別に何でもよいので、むずかしく考える必要はありません。「こういうことをやったらうまくいった」という情報を発信すれば、それを見ているまわりの人の役に立って喜んでもらえます。人は、受けた恩は何らかの形で返したいと思うものなので、その場ではこちらが「与える側」でも、いつかは返ってくることがあります。

「こういうことで困っています」という情報を発信すれば、「こうするとうまくいくよ」などという役立つアドバイスが集まってくることがよくあります。予期せぬ人から、探していた情報を教えてもらえることも少なくありません。偶然のように見えても、これらは発信しているからこそ得られるアドバイスなのです。

情報を発信すればますます稼げる

情報を発信するメリットはこれだけではありません。

自分がうまく稼げた成功体験などを情報として発信していれば、**「知識やノウハウが定着」**していきます。私の場合、コンサル生の存在が大きいのですが、彼らに情報を伝えることで、何度となく勉強して復習する機会に恵まれ、私の知識は定着化していきました。こうして言葉で整理することによって、ノウハウに再現性が出てきて、稼ぎを安定させられるようになっていきます。

「新しい手法の確立」という点でも大きな魅力があります。人に情報を発信するために言葉に落とし込んでいると、「もっとこうしたらどうだろう?」などとアイデアが自然と浮かんできます。するといままで以上に稼げる品物が見つかっていく流れが生まれるので、結果として稼ぐ額が増えていきます。

メルマガをやればますます稼げる?

月に10万円ほどの利益を稼げるようになったら、メルマガなどをやってみるのもおすすめです。

この配信内容にも、最初はこだわる必要はないと思います。売れた品物でも、いま流行っている品物でも、自分の考えなどでもよいでしょう。最初のうちは読者数やアクセス数が伸びなくても、そのうちに自分の配信に興味をもってくれる人が出てきます。

月に100万円稼げている人の情報と、月に10万円しか稼げていない人の情報とでは、10万円の情報配信者の情報に価値がないと思いがちですが、気にする必要はありません。まったく自分で稼いだことがない人からすれば、10万円稼ぐ人は「すごい人」

になるからです。

私自身は5年ほど前にメルマガを始めました。そのときは、いまほど稼げていませんでしたが、配信を続けたことで雑誌の取材も来るようになり、セミナーも何度か行なって実績ができました。始めたときにはそれほど反応はないことがほとんどだと思いますが、続けていれば仲間もたくさんでき、稼ぎも自然に増えていくものです。

第3章

アマゾンで稼ぐための「相場情報」のつかみ方

ネットせどりを始めるときには、何を出品すればよいかわからないでしょう。本章では、仕入れの商品選定基準などをどう考えればよいか、お教えします。

NET SEDORI

家の不用品を売って「成功体験」を作る

せどりをいざ始めてみようと思っても、何を仕入れればよいのかわからないという人が大半だと思います。そんな人には、家の不用品を、「断捨離」ならぬ「断売離」をしてみることを最初の一歩としておすすめします。

不用品をそのまま捨ててしまっては1円にもなりませんが、アマゾンで売ればお金が入ってきます。いらない本・CD・DVD・ゲームソフトを、とりあえず全部アマゾンマーケットプレイスに出品してみましょう。そうすれば、取引の流れを体験することができます。

実際に注文が入ると、すごくうれしいですし、ネットで品物を売ったという成功体験が、次の取引をやってみようという原動力にもなります。繰り返して売っているうちに、どういったものが高い値段がつくのか、傾向もわかってきます。

私がアマゾンで初めて販売した品物も、家にあった不用なCDや本でした。アマゾンの検索窓に、バーコードナンバーを入力して、「お宝商品」だとわかったときの感動はいまでも忘れることができません。

「古物商許可」は取っておいたほうがよい

業として行なうには、古物商許可が必要になりますので、品物をお客様から買い取ったりして販売する人は、古物商の資格を取っておくとよいでしょう。古物商とは古物営業法に規定される古物を、業として売買または交換する業者・個人のことです。店舗やネット仕入れで新品を扱っている場合にはとくに必要ありません。

今後、アマゾンなどで業として中古品を販売していくなら、取っておくことをおすすめします（現状はもっていない人が多いのが実情ですが……）。

取得は、営業所の所在地を管轄する警察署の防犯係が窓口になっていて、手数料が1万9000円かかります。会計の窓口で代金を支払います。くわしくは管轄の警察署に聞いてみてください。資格などはとくに不要です。

NET SEDORI

マーケットプレイスに出品するには？

アマゾンマーケットプレイスを利用して、商品を売っていきます。

出品するためには「出品者アカウント」を作成します。アカウント作成のためには、メールアドレス、銀行口座、クレジットカード、電話番号が必要です。これらを用意したら、アマゾンのトップページの「出品サービス」をクリックして、出品するための手続きを進めます。

まず「大口出品」と「小口出品」のどちらかを選びます。ビジネスとして取り組むなら大口出品を、まずは「お試し」でやろうという人は小口出品を選べばよいでしょう。小口出品から大口出品に切り替えることもできます。のちほど説明しますが、50品以上の商品を扱うのであれば、大口出品として登録するのがおすすめです。

多くの人が悩むのが、お店の名前をどんなものにすればよいかというものです。

ここでは個人名を避けて、「○○ブックス」「○○メディア」「○○電機」などという名前にしたほうが信頼されるので、売れやすくなります。店名は大切ですが、あとで変更できるので、むずかしく考える必要はありません。

あとはバーコードなどを利用して、アマゾンに出品します。

出品した品物が売れれば、アマゾンからメールが届きます。代金は14日周期で振り込まれ、登録している銀行口座に入金されます。銀行口座への入金のタイミングをしっかり把握して、資金繰りをショートさせないように気をつけてください。

アマゾンの案内はていねいでわかりやすい

アマゾンでは、マーケットプレイスについて、非常にていねいに案内されていますので、実際にページにアクセスしてみるのがよいでしょう。

説明ビデオも見ることができますし、「よくある質問」などのコーナーも充実しています。それらを見たり読んだりしてもよくわからなければ、「マーケットプレイス○○（知りたいこと）」などと検索すれば、欲しい情報がつかめるでしょう。

NET SEDORI

初心者はどんな商品を扱うとよいのか？

アマゾンにはさまざまな商品カテゴリーがありますが、初心者がアマゾン転売するときによいのは、「本・CD・DVD・ゲーム・おもちゃ・家電」のカテゴリーです。理由は、どこででも簡単に仕入れができるジャンルだからです。

「ファッション・時計・食品・シューーズ・ジュエリー・コスメ」などのカテゴリーもありますが、審査が必要なカテゴリーや、販売許可が必要なカテゴリーもあり、なかなか参入するのがむずかしいカテゴリーなのでおすすめできません。

「本・CD・DVD・ゲーム・おもちゃ・家電」のなかでも、初心者向きなのは本のカテゴリーです。本は単価も安く仕入れがしやすいため、うまく目利きできれば、利益も多く取れることがあります。

資金が十分にないなら、本せどりから始めて資金を作るのも1つの方法です。ただ、本せどりは、かさばって重たい、一部のプレミアがついている本をのぞいて単価が低いため、数をこなす必要がある、などのデメリットもあります。そのため「スキマ時間」を活用して収入につなげたいと考えている人にはおすすめしません。薄利多売で時間も手間もかかるので、私はほとんど行なっていません。

本書では、単価の高い品物を多く扱い、利益を出していく方法を紹介します。

CD・DVD・ゲームから始める

せどりで稼ぐためには、まずは「CD」「DVD」「ゲーム」の3カテゴリーを狙っていくことをおすすめします。

「CD」「DVD」「ゲーム」の品物は、プレミアがつく理由がハッキリしているので、そのコツさえ押さえれば稼ぎやすくなります。「家電」のプレミア品を探すことはそれほど楽ではなく、それなりのノウハウを必要とします（第7章で紹介します）。では、これらのカテゴリーで稼ぐ方法を次ページからくわしく説明しましょう。

NET SEDORI

1品1000円以上の利益を狙う

「せどり」というビジネスでは、つねに自分が動き、仕入れをしていかないと収入に結びつきません。そのためアマゾンを使って継続的に稼いでいこうと思った場合、1品あたりの利益を考えておく必要があります。

次の2つのケースがあった場合どちらを選びますか？

①1品売って100円の利益が取れる

②1品売って1000円の利益が取れる

この条件で両者が同じ売れ行き、同じ利益率の場合には、必然的に②を取るべきです。①は仕入れはもちろん、出品や発送にかかる手間までもが②の10倍かかるからです。せどりは仕入れて終わりではなく、売って代金を回収して初めて終了です。利益の小さい商品を大量に販売するのも1つの方法ですが、ネットせどりでは1品の利益を多く取っていきましょう。

月10万円の稼ぎを1日に換算すると?

本書の目標である「月10万円」をあなたが稼ぐなら、1日に3333円の利益を出す必要があります。

副業で1品100円の利益でこの金額を稼ぐのか、1品1000円以上の金額を稼ぎ効率よく仕入れをして稼ぐのかを意識してください。

つねに600円の利益が出て、仕入れも簡単にできて、1日5~6品ほど売れるような品物がないかぎりは、安い物は極力扱わないことをおすすめします。

私のように、働きながら副業で稼ぐ場合には、時給単価を上げていく必要がありますので、基本的には1品1000円以上の利益を狙ってください。

少しハードルが高く感じる人もいるかもしれませんが、コツをつかめばクリアできます。

NET SEDORI

アマゾンの「タイムセール」で品物を買う

アマゾンで買って、アマゾンやヤフオク！で販売する方法の1つに、アマゾンが定期的に行なっているタイムセールで仕入れる方法があります。

アマゾンでは、セールが頻繁に行なわれています。とくにタイムセールは人気も高いセールです。決して大きな市場ではないですが、やり方は簡単なので紹介しておきます。

アマゾンでは24時になったと同時に、タイムセールを開催します（開始時間はカテゴリーによって異なります）。通常は15％割引しか行なっていない商品が、タイムセールになった途端、50％オフなどで販売されている商品もあります。それを買って、タイムセールが終わったら、通常価格で出品して稼ぐ方法があります。アマゾンのタイムセール品は、アマゾンが販売しているもので偽物はまずありません。

タイムセールで仕入れるときのポイントは、過去の相場をきちんと調べることです。そのセールの瞬間だけが安く、その割引額が大きいことが理想だからです。基本的に１人１個しか買えませんが、簡単にできる方法なのでやってみてください。

アマゾンでは、タイムセール以外にも、ＣＤが最大70％引きのセールや、フィギュアの格安のセール、家電の型落ち品の格安セールなど、さまざまなセールが行なわれています。普通のページから入ると安くない商品でも、専用のページから入ると安くなることもありますので、アマゾン内のセール情報にも目を向けてみてください。

簡単にアマゾンのセール情報をつかむには、「アマゾン＋バーゲン情報」などの言葉で検索すると、ふだんはあまり見ることのないセールのページを見ることができます。

■アマゾンの各種セール

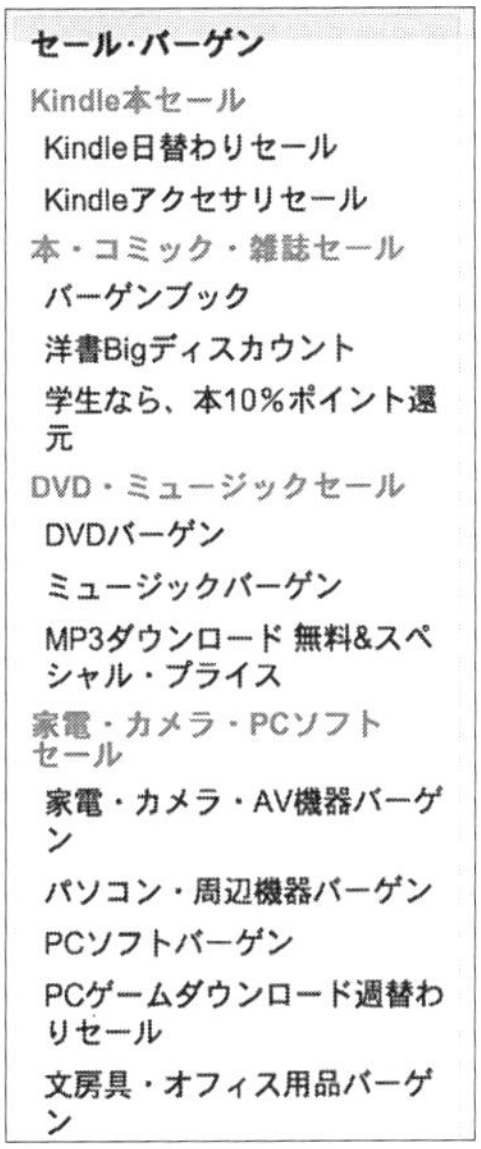

NET SEDORI

アマゾンランキングを仕入れの目安に

アマゾンでは、すべての商品にランキングが割り振られていますので、これを仕入れるときの参考基準として活用します。

1位が最も売れやすく、100万位とかだと、ほぼ売れないと考えてよいでしょう。価格差がついているという理由で買っても、1か月後に売れるのと、1年後に売れるのでは、稼げる金額に大きな差が出ることになりますので、なるべく上位のものを買ってください。

アマゾンランキングには、全体のランキングと、カテゴリーごとのランキングも割り振られています。カテゴリーごとに売れ筋の順位を見極めていく必要があります。カテゴリーによって、販売されている品物の数が圧倒的に違うため、仕入れるべきランキングの基準が変わってくるからです。

各カテゴリーで目安にすべきランキング

どのカテゴリーでも「1万位以内」をざっくりした1つの売れ筋の基準にすると、売れやすい品物が多いと感じています。

おおむね1か月以内に販売することを意識するなら、つぎのように考えてください。

CD	2万位以内	DVD	1万位以内
おもちゃ	1万位以内	家電・カメラ	3万位以内
パソコン周辺機器	1万位以内	ホーム&キッチン	2万位以内

品物や競合によっても変わりますが、右記のように考えれば大きく外すこともないと思います。まずは、**外しにくい1万位以内の商品ばかりを狙って売れる感覚をつかんでください。**その際は、利益は重視せずに繰り返し何度も販売する「回転」を重視してください。

NET SEDORI

アマゾンで稼げる商品は大きく2種類

一般的に、ネット上で、商品を個人が仕入れて売って稼げる新品商品には、「アマゾンが在庫をもっていないもの」「アマゾンが在庫をもっていても利益が取れるもの」の2つがあります。それぞれについてくわしく見ていきましょう。

アマゾンが在庫を持ってないもの

アマゾンに在庫があってアマゾンが安いなら、アマゾンから購入するのが普通です。アマゾンから買うほうが安心感があるため、マーケットプレイスの出品者から買う理由（メリット）がないからです。

アマゾンで稼ぐには、「アマゾンが在庫をもっていないもの」を仕入れて販売する必要があります。

例えば、「初回限定版」と呼ばれる、数が一定数の発売に決まったＣＤやＤＶＤ、ゲームなどを仕入れる方法があります。

一般的に発売される「通常版」は、商品が売れて市場に在庫が少なくなればメーカーが何度でも生産するので、プレミアにはなりません（もちろん例外もあります）。

初回限定版が高値になるのは特典がついているからです。例えば、独自のグッズがついていたり、ＣＤの場合はＰＶなどが入ったＤＶＤがおまけでついていたりします。そのＤＶＤをファンは欲しがりますので、買いたい人が多くて商品が少なければ需要と供給が崩れます。どうしても欲しいという人のなかには、定価よりも高い金額を払ってでも購入したいという人もいます。

そういった**需要に供給が追いついていない状態の品物を、店頭やネット上で探し出せば、利益を出せる**ことになるのです。

アマゾンが在庫をもっていないものを探す際は、まずは「ＣＤ・ＤＶＤ・ゲーム」から慣れていくようにしましょう。ここで感覚とノウハウをつかめば、家電などでもアマゾンが在庫をもっていないものを探せるようになります。

アマゾンが在庫をもっていても利益が取れるもの

もう1つは、アマゾンの販売価格よりも、出品者側が安値で売ることで稼ぐ方法です。そのためには、アマゾンの販売額よりも安値で仕入れてくる必要があります。

例えば定価1万円のDVDが売られているとします。この場合、アマゾンの販売金額は約30%の値引きが一般的に最大になります（特売品はのぞく）。つまり7000円程度がアマゾンの最安値になるわけです。もしその金額以下で仕入れができて、利益が取れるなら、アマゾンに在庫があっても出品した品物が売れるようになります。さすがに赤字では売ることはできないので、価格は一定額で下げ止まります。

安値の商品をネットで仕入れる方法は、50～70%オフのセールが行なわれているときに、価格差を見て仕入れると、アマゾンに在庫があっても、利益を出すことができます。

カテゴリーによっても変わるのですが、DVD・CDなどの品物だと1万位以内だと売れやすい傾向にあります。ただ、競合も多くなるので、**実際に売りながら自分な**

■「定価超え」かどうかは打ち消し線に注目する

打ち消し線がない
＝
アマゾンに在庫なし（僅少）
プレミア価格

アマゾンに在庫あり

りの仕入適正ランキングを模索していくといいでしょう。

次ページでアマゾンの在庫切れ商品の探し方を紹介しますが、商品名の下の価格の部分に打消し線のあるものはアマゾン在庫あり、ないものがアマゾン在庫なし（僅少）でプレミア価格になっている商品になります。

ここで紹介した、どちらの方法でも稼ぐことはできますが、基本的には「定価超え商品」を多く扱うほうが稼ぎやすいと言えます。理由は50％以上の値引きが行なわれるのは企業の決算時などに多く、それ以外の時期に安定的に仕入れができないからです。

NET SEDORI

在庫切れ商品を探す方法

「アマゾンの在庫切れ商品を探す」とひと言で言っても、画面上でパッと見ただけでわかるものではありません。それができれば、誰でも簡単に稼ぐことができてしまいます。

ここではお金をかけなくてもできる、アマゾン在庫切れ商品の探し方を紹介します。「CD・DVD」などのメディア系の品物に多いのですが、アマゾンでは、検索した際に、まだ発売されていない予約商品が先に画面上に出てくるようになっています。これは欲しい人が多くて人気があるからなのですが、そういう品物が画面上に出てしまっていては、リサーチに余分な時間がかかってしまいますので、この時間を軽減していきます。

アマゾンで在庫切れ商品を探す方法

①まず大きなカテゴリーを選択します（今回だとＣＤやＤＶＤを選んでください）。
②そして、検索窓は空白のまま右の「検索」ボタンを押します。最初からもっと絞って検索したいときは「初回限定」などとキーワードを入れて検索します。
③そして、画面左の表示部分の、新品と中古品と書かれた部分を「中古品」で選択します。
④単価もＤＶＤなどを探すなら大体の定価が７０００円だとすると「７０００円」以上で単価を入力し、区切っていきます。
⑤これで、打消し線のないものが、多く出てきたと思います。それが定価超えの品物になります。

この手順でリサーチすれば、アマゾンの在庫切れ商品が比較的簡単に見つけられるようになりますので、一度試してみてください。

本は中古カテゴリーで「ほぼ新品」で出品する

本には、値引きで販売できない再販価格が義務づけられているので、新品がプレミア価格になっていても、定価以上の値段で新品として出品することができません。その際は、中古カテゴリーで「ほぼ新品」としてプレミア価格で出品することになります。

家電の在庫切れを探す場合は、オープン価格であることや、品物によって価格が大きく違うことなどから、探しにくいのが現状です。先ほどのDVDやCDとフィギュアなどの検索方法と同じではなく、家電は、元から定価がないことで打消し線がないものもたくさんあります。この点が慣れていない人にはむずかしい理由です。

基本的には、アマゾンで家電を仕入れる際は、あるキーワードの品物を狙っていくと、アマゾン在庫切れを探すことができます（第7章で紹介）。

NET SEDORI

「確実に売れる商品」は何度も売る

アマゾンでリサーチしていると、最初のうちは稼げる品物がなかなか見つからずに、嫌になることもあるかもしれません。リサーチを継続していると稼げる品物は必ず見つかりますし、出品していると売れた品物も必ず出てきます。

一度売れた品物は、また売れる可能性が高いわけですから、同じように仕入れて繰り返して販売することを基本にしてください。多くの人は、稼げる品物を新たに探しに行ってしまいます。それが稼げる方法だと思うようですが、よくありません。

よく考えてほしいのですが、新しい品物を探すよりも、すでに売ったことのある同じ品物を再度仕入れたほうが、時間を効率よく使えます。すでに売れた実績のある品物を買う際にリサーチの時間が5分で済むのに対して、新しい商品を探すのに30分かかるとしたら、実に6倍の時間がかかることになります。取扱う品物数が増えていくと、ますます時間がかかってしまいます。

繰り返して売りながら新規商品も探す

副収入を得ることが目的であれば、より短時間でより高く売れる商品を仕入れ、販売できるように、効率的に時間を使ったほうがよいでしょう。

「確実に売れる品物」こそ、何度も売るようにしてください。そして稼ぐためにはそうした品物のラインナップを増やしていくことが必須です。毎回同じものを売れば、利益も安定してきますし、商品知識もつきますし、仕入れから成約までの期間の予測も立てやすくなります。さらに新しい品物を仕入れる資金の余裕も生まれます。

リピートできるものは何度も購入し、それで時間が余ったら新規の商品のリサーチをしてみることをおすすめします。

もちろん、リピートする品物が少ないうちは、新規のリサーチの比重を必ず上げてください。

NET SEDORI

販売額を先読みする方法

ネットせどりで大きく稼ぐためには、仕入れに対する恐怖心をなくすことが大切です。いくら稼げるかどうかは、仕入れにかかっています。

多くの人は、売れ残って損をしたときのことを考えて不安に思うので、思うような仕入れができません。仕入れの不安を解消するために、仕入れをする前に売れる金額、つまり相場情報をあらかじめ調べる方法があります。

アマゾンで過去相場を調べる際には、「ａｍａｓｈｏｗ（アマショウ）」というサイトと、「プライスチェック」というサイトを基本的に使います。

これらのサイトでは、売れたであろうおおよその金額を予測することができます（厳密に言うと、実際に売れた金額ではありません）。

■せどりに必要不可欠な「アマショウ」

アマゾンでは、商品1つひとつにアマゾン独自のランキングがついていて、1位に近づくほど、品物に人気があり売れているという意味になります。売れないとランキングは下がるし、売れるとランキングは上がる傾向にあります。

そのランキングが上下することを応用した、過去相場の流れを見るサイトが、「アマショウ」と「プライスチェック」なのです。

各サイトとも無料で使えますが、より詳細なデータを取れるのは、現在では「アマショウ（http://amashow.com/past.php）」になります。ここではアマショウのデータの読み取り方をくわしく解説します。

アマショウのトップページ上段に「キーワードを入力」という部分がありますので、そこに、JANコード（バーコード）、商品名、アマゾン独自のASIN

コードのいずれかを入力して、「GO!」ボタンを押します。

すると、品物によって違いはあるものの、過去数年間分の、出品者の人数、商品の価格、ランキングの3つが表示されます。アマショウの優れている点は、これらを数字で表示している点にあります。ここが、後述するプライスチェックにはないものなので、私はこちらのツールを強くおすすめします。

このグラフを見て、新品が売れたか、中古が売れたかがわかれば、売れた金額がおおよそで予測できます。グラフと数値の見方をくわしく説明します。

アマショウでは、グラフ以外に出品者の人数を見ることができます（次ページ図参照）。もし出品者の人数が減っていて、ランキングも上がっていると、新品が売れた、中古が売れたということが、おおよそでわかるようになっています。

図の例では、10月25日から10月26日の間で、ランキングが44154位から10395位になり、出品者の人数も「3」から「2」になっています。中古の出品者の数に変化はないので、新品が1万1000円で売れたことが容易に推測できます。

これがわかることで、その金額で販売して利益が取れるなら、安心して仕入れすることができるようになります。

■アマショウはランキングの変化に注目する

ランキングのグラフ

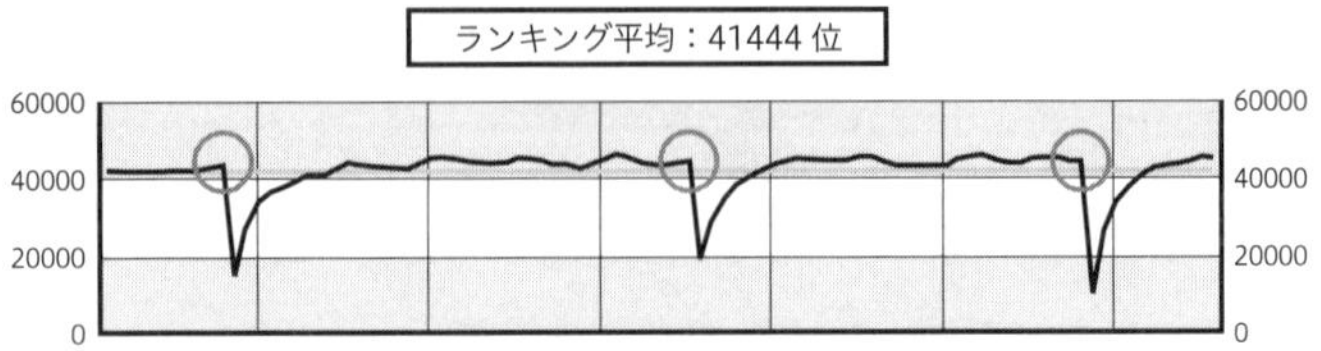

グラフに動きがあれば売れているということ

調査日	ランキング	新品出品者数・最安値		中古出品者数・最安値	
現在	44918	4	¥11000	1	¥10995
2013/11/04	45112	4	¥11000	1	¥9800
2013/11/03	44267	4	¥11000	1	¥9800
2013/11/02	43423	3	¥11000	1	¥19654
2013/11/01	42705	2	¥19999	1	¥19654
2013/10/31	41994	2	¥19999	1	¥19654
2013/10/30	40098	2	¥19999	1	¥19654
2013/10/29	37536	2	¥19999	1	¥19654
2013/10/28	34081	2	¥19999	1	¥19654
2013/10/27	26378	2	¥19999	1	¥19654
2013/10/26	10395	2	¥19999	1	¥10995
2013/10/25	44154	3	¥11000	1	¥10995
2013/10/24	44228	3	¥11000	1	¥10995

ランキングが上がり、出品者数が減っている

＝

商品が売れた

NET SEDORI

アマショウも万能ではない

アマショウが、現在のアマゾンの過去相場を見るツールでは、無料で一番使えるサイトだと言えますが、そんなアマショウも万全ではありません。

それは、アマショウなどのツール・プログラムが、アマゾンの全商品の膨大なデータを取りに行くことは、現実的に不可能だからです。こうしたツールは、ランキング上位の品物だけを重点的にデータ取得していることが多いようです。1日に何度もデータを取りに行くのではなく、よく売れる品物でも1日に一度データを集めるのが限界のようです。例えば、ツールが夜の12時にデータを集めるとして、翌日の夜の12時までに、出品されて売れた場合は、ランキングだけが変動し、出品者数に変動が起きないデータができてしまうことがあります。

基本的には先の項目のように、出品者の人数が減っていて、ランキングに変動があれば売れていると見て問題ないでしょう。ただ、ここにも注意点があり、出品者が在庫を1つだけ出しているという保証はなく、同じ出品者が、いま出している品物を5個も10個ももっていることも考えられます。そういう場合は、アマショウではランキングだけが動いていて、新品が売れたか中古が売れたかは読みづらくなりますので、注意しておいてください。

経験上、中古は状態に差異が生じやすいので、文章を細かく変えて、「良い」「非常に良い」「可」などの複数の状態で出す人もいますので、新品に比べると、複数在庫になりにくいような気がしています。

例えば私は、1月15日に『化物語　第一巻／ひたぎクラブ【完全生産限定版】[Blu-ray]』の新品を、3479円で、アマゾンで購入できました。直近で、23000円ほどで売れている品物です。ただ、アマショウを見てみると、15日に買ったのにその金額が反映されていませんし、ランキングも上がるどころか下がっています。人気がある品物の場合、一瞬で売れますし、ランキングの変動も本当に激しいです。初めのうちは、データ量が少なく判断しにくい商品を扱うのはできるだけ控えてください。もちろん、相場より明らかに安い品物の場合はこの限りではありません。

NET SEDORI

「プライスチェック」を使う

価格の比較で言うと、プライスチェック（http://so-bank.jp）というサイトも使うべきだと考えます。アマショウは非常に優れたサイトですが、アマゾンからデータを取得してくるツールは、そのデータの取得基準が一定ではありません。アマゾン内の全部のデータを取得するにはあまりにもデータが膨大だからです。

ですから、アマショウで価格の推移を見たとしても、定点観測がふだん1日に一度のものと、1か月に一度のものの場合、後者の場合は推移が読みづらくなり、仕入れの基準がぼやけてしまい、これくらいで売れるだろうという、本来「データ」で読み取らないといけないことを「勘」というあいまいなもので判断してしまい、思いのほか売れないということにもなりかねません。

✔プライスチェックでデータを詳細まで確認する

プライスチェックは別の会社が運営していますので、データの取得基準が違います。つまり、このプライスチェックを使うことで、アマショウで過去相場をつかめない品物も、詳細なデータを見ることができる場合があります。

無料会員だと、データも過去3か月分しか見ることができませんが、データの取得に関しては、アマショウとは違った動きをしていることがよくあります。見方としては、新品の最安値と、中古の最安値、ランキングの3つのグラフが並んでいるので、そのランキングに注目し、ランキングが上がったときの、新品と中古の価格推移をそれぞれ見ていきます。

そして、新品・中古のどちらかの最安値の価格が変動していたら、その価格で売れたという判断ができます。

もちろん、こちらの場合も、最安値ではなく、それよりも高値の品物が売れた場合や、同じ商品を複数もっている場合、同じ金額で複数の出品者が出品している場合は、たとえランキングが上がっていても、価格のほうには変動がないので、新品が売れた

■プライスチェックで価格推移を調べる

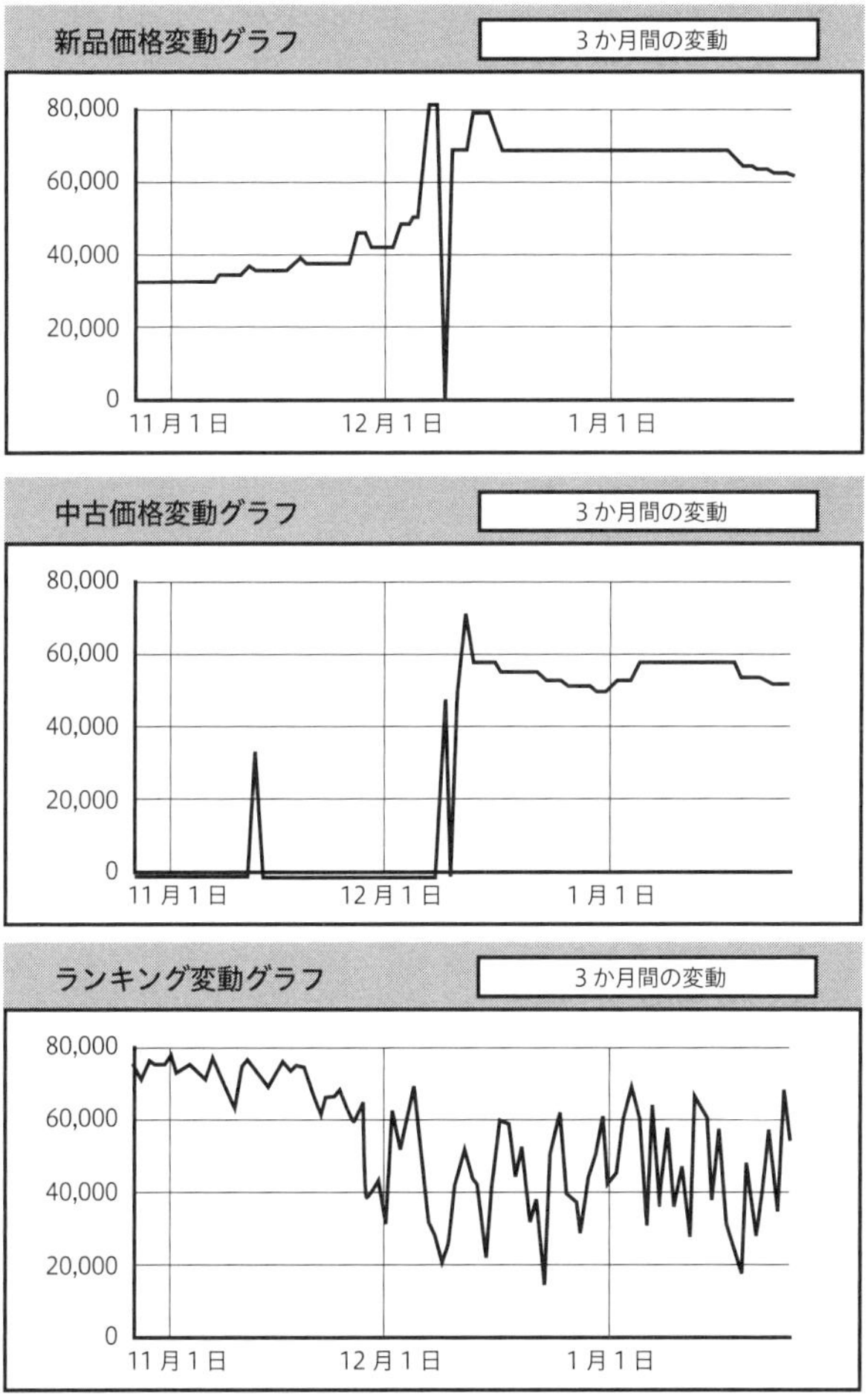

か中古が売れたかの判断がむずかしい場合がありますが、３か月のデータを見ることができますので、何度かランキングの推移を見ることで、おおよその売れた金額が読めるようになります。あとは、先のアマショウとの併用が重要です。これを行なうことで、価格の精度を高めて、失敗のない仕入れをすることができるようになります。

プライスターと呼ばれるツールに申し込めば、月５８００円で有料会員になり、過去1年間分のデータを見ることも可能です。

NET SEDORI

在庫切れ調査ツールを使う

ネットせどりで使うツールで私がおすすめできるものは、無料だと「アマショウ」です。他には、一部有料のプライスチェックやオークファンをおすすめすることが多いです。

これらのツールは、過去データを見ることができるツールです。一部、ネットせどりができる機能もありますが、1品1品を探すことができます。

さらに、私がおすすめできるツールに「せどりDATA（www.sedoridata.com）」があります。このツールは、手前味噌ですが、市場に自分が欲しいツールがなかったので自分で作ったものです。ネットせどりで稼ぐ私が考案したので、かゆい部分に手が届くツールとなっています。

このツールを使えば、稼げる商品を簡単に見つけられます。

具体的に言うと、アマゾンの、ＣＤ・ＤＶＤ・ゲーム・おもちゃ・家電カメラ・パソコン周辺機器・ホーム＆キッチンなどのカテゴリーの在庫切れを見ることができます。在庫切れにも種類があって、「アマゾンの在庫切れ」を始め、「新品商品自体が在庫切れ」のもの、「中古商品が在庫切れ」のものなども検索できます。もちろん、それだけではなく、過去相場も見ることができます。

アマショウや、プライスチェックで見ることができなかった、アマゾン上で現在完全在庫切れになった品物も、このツールではとても簡単に見ることができます。

月額５０００円＋税のみで使えます。機能面は充実しているので、一気に稼ぐ額を増やしたい人はぜひ使ってみてください。

いまなら、お試しで、初月無料で使うこともできます。

NET SEDORI

アマゾンの「各種手数料」を把握しておく

アマゾンの基本的な手数料と、仕入れた品物をアマゾンで売っていくら残るかを判断しておく必要があります。

アマゾンは、出品する時点ではお金は一切かかりませんが、1個販売（成約）するたびに100円の基本成約料が取られます。

「大口出品者」という月々4900円支払う契約をすると、この基本成約料はなくなります。50品以上毎月売ることができるなら大口にしておくとよいという計算になります。くわえて、商品のカテゴリーごとに引かれる「カテゴリー成約料」と、出品していて売れたときに商品ごとにかかる手数料があります。それを覚えておくことで、利益を大きく出していくことが可能となります。

具体的に言うと、多くのアマゾンの商品は15％の販売手数料を取られます

■各種手数料をつかむ

（商品出品価格＋配送料）－仕入れ値－各種手数料＝利益

- 販売手数料
- カテゴリー成約料
- 100円の基本成約料（小口出品のみ）

※販売手数料・カテゴリー成約料はアマゾンが規定

（２０１４年3月末現在）。

　１０００円のＣＤだと、１５０円の「販売手数料」が取られます。それに先の１００円の「基本成約料」、１４０円の「カテゴリー成約料」、ＦＢＡ（96ページ参照）を使っていると、出荷作業手数料と発送重量手数料が別途かかります。

　せどりをやっている人の多くは、おおむね販売額の２割で手数料を計算します。家電の場合だとそこまで手数料はかかりませんが、保管料が大きくなります。

　こうした手数料を都度計算するのは面倒です。そこで、アマゾンが用意しているＦＢＡ料金シュミレーター（ベータ版）を使って、手数料の概算を知ることができます。

第4章

アマゾンでもっと稼ぐための「目のつけどころ」

商品仕入れのコツがわかってきたら、仕入れの幅を広げつつ、上級者向けのテクニックも身につけておくことが大切です。本章ではそのノウハウを紹介します。

NET SEDORI

アマゾンの信頼度を利用する「ＦＢＡ」とは？

仕入れのコツをつかんできて、取扱う商品が増えてくると、梱包作業や発送をすべて自分でやるのは大変になってきます。そこでアマゾンのサービスであるＦＢＡを使う方法があります。

自分がアマゾンで品物を購入するときのことを考えてほしいのですが、アマゾンの価格が一番安かったら、アマゾンから品物を買うと思います。

自己配送をしている出品者はどうでしょう？　アマゾンのような信頼度はないですし、ちゃんと届くかわからないので買わないという人もいるでしょう。

アマゾンの信頼度を使わせてもらいながら売る方法があります。それが「ＦＢＡを使う販売方法」です。

ＦＢＡとは「フルフィルメントバイアマゾン」の略で、アマゾンに品物を預けることで、アマゾンが販売を代行してくれるシステムです。

自己配送をしている出品者がある商品を２０００円で販売していたとしても、同じ商品に２５００円や３０００円の値段をつけているＦＢＡ出品者の品物のほうがアマゾンではよく売れます。

出品者側からすればアマゾンの信頼度を自分も使うことができますし、購入者側からすれば差額分をいわば安心料としてお金を払って買うのです。

私はアマゾンを始めたときは、高い値段をつけても売れるということが最初は理解できませんでした。というのは、「どうせ買うなら安いほうが売れるはず」と考えていたからです。ＦＢＡを使うメリットをまわりから聞いていながら使いませんでした。「一度でいいから使ってみたらいいのに」という知人の言葉がきっかけで、実際に使ってみると確かに売れやすく、また自分でする作業が格段に減り、稼げるようになりました。

この本を読んで稼ぐあなたは、副業でも本業でもアマゾンで稼ぐならＦＢＡは必ず使いましょう。

NET SEDORI

FBA登録の流れ

FBAを利用する際に出品者側が行なう作業は次のとおりです。まずはFBAの申請手続きをします。そして以下の順番で品物の手配をします。

http://services.amazon.co.jp/services/fulfillment-by-amazon/benefits.html

1. 商品選定

セラーセントラル（アマゾンの管理画面）の在庫管理ツールを使用してFBA対象商品を選定します。

2. 出品（商品登録）

アマゾンに出品します（すでにアマゾンに登録がある品物に限定）。

3. ＦＢＡを利用する商品を「アマゾンから出荷」に変換

セラーセントラルの在庫管理画面でＦＢＡ対象商品を変換します。

4. 納品手続き

セラーセントラルの管理画面から、商品ラベル（商品1つひとつに貼付）、納品書（輸送箱に同梱）、配送ラベル（輸送箱の外側に貼付）の3点の必要書類を印刷し、書類を所定の形で対象商品に添付し梱包します。

5. アマゾンフルフィルメントセンターへ納品・出荷

配送業者を利用して納品。

6. アマゾンにて品物を、保管・受注・決済・梱包・購入者への配送、返品対応もアマゾンが代行してくれます

NET SEDORI

ショッピングカートを獲得して稼ぎを増やす

アマゾンのＦＢＡを使うと自己配送よりも高値で売れ、自分で発送や梱包をしなくていい代わりに、「手数料」もより多くかかります。

ちょっとでも早く売りたいからと、手数料のことを考慮せずに、自己出品者の価格に合わせて値付けをする人が多いのですが、それは自分の利益を削る行為です。最終的には、自分の首を自分で絞めているだけなので気をつけてください。値付けをするときには、他のＦＢＡ最安値に合わせることを基本にしてください。

ＦＢＡのメリットは、「自分で発送・梱包しなくてもいい」「自己出品より高値で売れる」の大きく2つです。

高値で売ることで最大限の利益を取りながら、自分は仕入れに力を入れることができるのです。それがＦＢＡのメリットなのですが、最近は後者のメリットを忘れてい

■ショッピングカートを獲得すれば稼ぎが増える

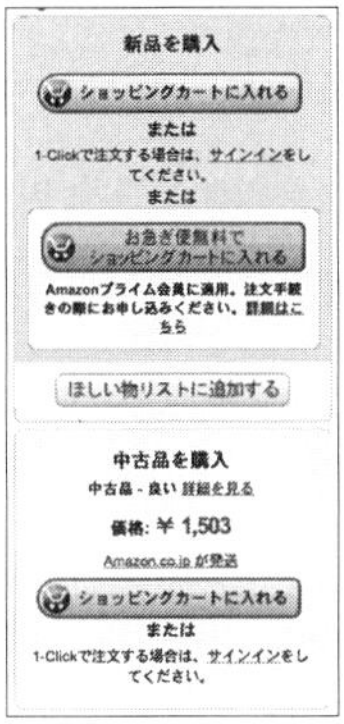

る人が多いように感じます。

「大口出品者」と「FBA出品」はセットで申込みすることを私は推奨します。メリットは、大きく3点あります。

1つめは、先ほども説明しましたが大口出品者は、月々4900円払う代わりに基本成約料の100円が免除されるので、月間に50品以上販売していく人にとっては、とてもお得です。

2つめは、大口出品者になっていると、自分でアマゾン上に、自分の出品している商品を一覧できる商品カタログを作ることもできます。

3つめは、これが一番のメリットなのですが、大口出品者にすると、「ショッピングカート」と呼ばれるものを取れるようになります。

ショッピングカートについては、アマゾンでは、商品ページの画像の右の部分にある「この商品は、〇〇〇〇が販売し、アマゾン.co.jp が発送します。」と書かれている部分に載ることです。

ここに載ることができれば、８８００円で他に出している人がいても、大口出品者で、アマゾンの信頼を使えるＦＢＡを使い、アマゾンが定める基準をクリアしていると、写真のように９７８０円で販売することなどもできます。

お客様側は新品が売っているなら、くわしい内容を見ずに、ショッピングカートに入れて購入する人も非常に多いです。アマゾンが販売していると思っている人もいるくらいです。つまりここに載ることができれば、大きなビジネスチャンスをつかめることになります。これは基本的には新品だけだと思われがちですが、中古でもショッピングカートはあります。

最近は価格改定ツールもいろいろ出ているので、他の人が1円下げたら、自動的にそれよりも1円下げる出品者もいます。本来、ＦＢＡを使い大口出品者としてショッピングカートを取れれば、価格を他の人より1円下げたからといってカートから外れるわけではありません。100円や500円違っても影響のない品物もあります。

ランキングが低く月に1度しか売れない商品なら、最安値をつけることを推奨しますが、高値で売れるチャンスがあるなら、価格はなるべく下げないことを意識してみてください。

ショッピングカートを獲得・維持するには以下の点がポイントになります。

①注文不良率
②その他の出品者のパフォーマンスの指標
③配送スピード、配送方法、価格など
④アマゾンで出品している期間と取引の数
⑤出品形態が「大口出品」であるかどうか

ショッピングカートを維持できる販売手法を取ってみてください。

NET SEDORI

中古商品の仕入れ・販売手法

ここまで新品商品の仕入れのコツを書いてきましたが、中古商品の仕入れ・販売の方法も大事なので解説しておきます。

アマゾンで新品の販売をする場合は、アマゾンの在庫の有無が重要ですが、中古の場合は、アマゾンは出品しないので、競争相手がアマゾン以外の出品者（個人や法人）になるわけです。

アマゾンで中古品を見てみると、状態が「ほぼ新品」「非常に良い」「良い」「可」の4種類の状態に分けられます。この状態は、アマゾンマーケットプレイスコンディションガイドラインで明確に区分けされています。

お客様が購入に至る理由は「価格が安いものが欲しい」「新品はいらないけど、状態の少しでもよいものを探している」、本やＣＤであれば「オビ付きが欲しい」など、本当にさまざまです。その購入者が欲しくなる価格で販売しさえすれば、極端な例だと、中古の最安値が1円の相場の品物だとしても、980円とか1480円でも販売できることも多いのです。

つまり、アマゾンの過去相場を見ることができる「アマショウ」や「プライスチェック」を見ても、実際の売れ値を最安値だけで測れない部分があります。

実際の売れ値を見極めるのは、最初はむずかしいですが、傾向はあります。

まずは、ランキングが高いことです。ランキングが高いと、欲しい人の絶対数が多くなり、買い方も分かれることが多く、最安値だけで販売する必要がなくなります。

後は状態に価格を合わせることです。多くの商品は「可」「良い」の品物が最安値付近に出されていることが多く、状態がよければ、「非常に良い」などの価格に合わせることにより高値で販売できます。

そして、商品の画像を載せることも差別化になり非常に有効です。最後に自己出品者の価格は無視することです。アマゾンのFBAの価格に基本的に合わせることで、高値で販売することができます。

NET SEDORI

ランキングだけで仕入れてはいけません

ランキングは仕入れるときに重視するとよい指標の1つですが、ランキングだけを見ていると、稼げる品物を見過ごします。

例えば、

・品物Aは、ランキング3000位で出品者が400人

・品物Bは、ランキング1万位だけど出品者は2人

という場合、一概には言えませんが、後者のほうが、競合も少ないため売れる番が回ってくるのはかなり早いと予測できます。

アマゾンのランキングで見なくてはいけないのは、一時的なものだけでなく、平均のものです。

ふだんはランキング10万位なのに、何らかの要因で、たまたま見たときに売れてい

てランキング2万位になったような品物は、2万位が平均ではないので、10万位の売れ方をします。仕入れたときによく見ておかないと、売れにくいこともあります。

ランキングと価格相場はセットで

アマショウやプライスチェックを使い、月にどれくらい売れているか、新品が売れているのか、中古が売れているのか、といった部分も見ていくとよいでしょう。たまに新品が1万円、中古は1円という品物もあります。もちろん1万円でもコレクターが欲しがる商品であれば売れますが、需要があるのは安く買える中古だったりします。しっかりと売れる価格と、売れるまでの期間を把握してください。

かりに平均ランキングが5万位の2つの商品があったとします。一方は月に数度売れているけど、もう一方は月に一度も売れてないというケースもよくあります。ランキングだけで仕入れてしまうと、買ったけど思ったより売れないということにもなりかねませんので、必ずランキングと併用して、価格相場を調べるサイトも見てください。

NET SEDORI

アマゾンで仕入れてアマゾンで販売する

実はアマゾンで仕入れてアマゾンで販売して利益を出す方法があります。

アマゾンの出品者は大きく分けて、「自己発送する自己出品者」「ＦＢＡを使い自分では発送しない出品者」という2つに大きく分けられます。

購入者の心理としても、アマゾンで売っていない場合に、右記の2つのどちらで買うかというと金額が同じの場合はＦＢＡを使っている人から買うケースが多いです。

理由はアマゾンの信頼度が加わることと、送料無料、プライム便での即日配送などに対応しているからです。

自己発送の出品者は価格を下げることに注目

　では、自己発送の出品者が、ＦＢＡ出品者に対抗して売ろうと思った場合はどうするでしょう？　実は「価格を下げて売る」ことしか、訴求する方法がないのです。つまりＦＢＡを使っている人が４９８０円で販売しているとしたら、自己発送の出品者は少なくとも４４８０円などで販売していくしか方法がありません。

　ということは、自己発送者とＦＢＡの差額が大きい品物を狙っていけばよいのです。自己出品者が安く売っている商品を買って、ＦＢＡの適正価格で販売していくことができます。わかりやすい例だと、２４８０円で売っている自己出品者から品物を買い、４９８０円で販売するようなイメージです。

　探してみると、案外こうした差益のある品物があります。

　注意点としては、基本的にランキングが高い品物を狙って、現在のＦＢＡのカートを取っている金額を参考に仕入れてください。このときに競合出品者の状態も見ておいてください。

NET SEDORI

芋づる式に「在庫切れ商品」を探していく方法

アマゾンでリサーチをしているときに、同じ時間を費やすなら、稼げる品物をドンドン見つけたいものです。それを実現する簡単な方法があります。

それは、「この商品を買った人はこんな商品も買っています」という欄を見ることです。アマゾンの商品ページで、下にスクロールすれば出ている項目です。一般的には、お客様に「ついで買い」させるための欄なのですが、私はこれを芋づる的に効率よくリサーチするための道具に使っています。

プレミア商品が見つかることも

プレミア商品を買う人はどんな人でしょうか？　歌手ならその歌手のファンでしょ

うし、アニメならそのアニメのファンなわけです。

プレミア商品を探し出し、そのページで他に買っているものは、やはりプレミア品が多い傾向にあります。それに注目してリサーチすれば、稼げる商品がドンドン見つかります。

見方としては、商品名の横にＤＶＤやＣＤと書いていると思いますが、ＣＤだとアルバムなら３０００円以上、ＤＶＤなら７０００円以上くらいで販売されていることが多いので、その金額以上になっているものを見ていきます。

ＤＶＤで１枚ものの商品で、１万円などの価格がついているものはおおむねプレミア商品です。稀に価格が表示されていない品物もありますが、それは、アマゾンのショッピングカートが取れていない、または取れない品物ですね。

例えば、定価７０００円のＤＶＤが、２万円などの価格になると、あまりに高いのでカートは自動的に外されてしまう仕組みになっているようです。そうした品物の価格は空白で出てきます。

高額品を狙うなら価格が空白のものを狙い、定価超えを狙いたいときは、定価よりも高そうな品物を見ていくと自然に稼げる品物は見つかります。

NET SEDORI

出品者のアマゾン以外の店舗もチェックする

アマゾンで販売している業者は、実店舗を運営していることや、自前のネットショップを運営していることも多いです。アマゾンや楽天、ヤフーなどは言ってみれば「支店」のようなもので、自社のウェブショップの「本店」がある場合もあります。アマゾンや楽天に出している出品物には、手数料がかかります。自社サイト（本店）の場合はとくに手数料は必要ありません。その点を理解していれば、アマゾンや楽天で品物を注文するのではなく、実店舗やネットショップで注文すれば、安値で買えることもあるのです。

知っているか知らないかだけの手法なのですが、最大の利益を取るためにも、アマゾン内だけで買ってしまうのではなく、他の店舗も見てみてください。

こうした着眼点をもっておくと、値下げ競争に巻き込まれた際にも、一番安く買っ

■出品者の店舗には本店と支店がある

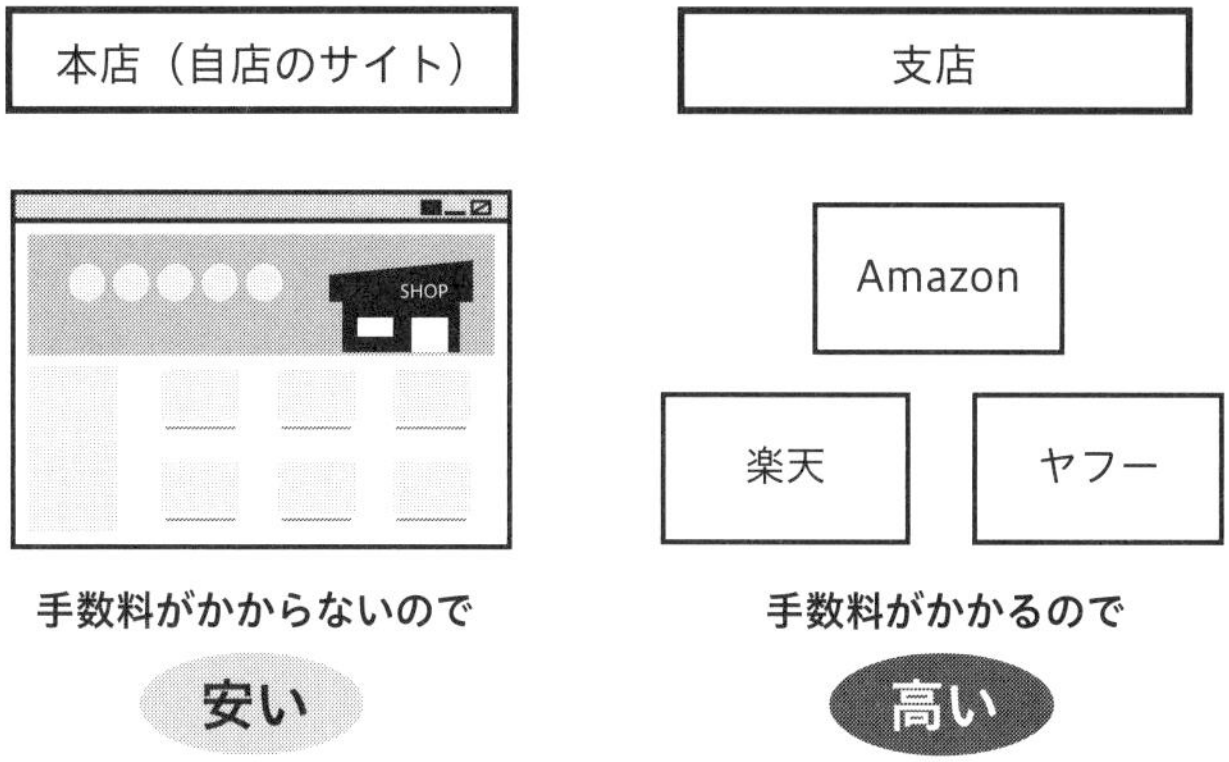

ているので最低限の利益を確保することができます。

例えば「駿河屋」というDVDやCDを売っている店舗の場合、アマゾンの価格よりも実店舗のほうがやはり安いです。一定額以上分の品物を購入すれば送料無料になりますし、駿河屋で買う場合は、ネットショップも見て買ったほうがお得ということです。商品代だけでも300円の差が出ることがあります。

こうした店舗を見つけられると稼げる金額も増えていきます。

NET SEDORI

アマゾンの「説明文」を工夫する

アマゾンで他の出品者と差別化できる部分に「説明文」があります。この部分の書き方を工夫すれば売上アップにつながります。

オークションサイトで出品する際には、写真をきれいに撮影し、出品するときの題名を購入意欲に訴えるものにして、より多くの注目を集めて高値で売り抜ける方法も使えます。アマゾンの場合は、1つのカタログがすでにアマゾン上に用意されていて、そこに業者も個人もみんな一緒に出品するルールです。そのルールのなかで、現状唯一差別化できる部分は「説明文」なのです。

この説明文には、商品の状態を書くこともできますし、書かないこともできます。家電などでは説明文を書いていないことも多いのですが、お客様に対して差別化できる部分はここだけなので、力を入れて書くようにしてください。

とくに中古品の場合は、この文章次第で1円の商品でも1480円といった値段で販売できることもあります。

説明文は「品物の状態」がわかるように書く

具体的にいくつか説明文を見てみましょう。

A.「中古品です」

これには、商品の状態がまったく書かれていません。買う側からしたら、正直あまり買いたくない文ですね。

B.「すべての在庫を一括で出品しているため、状態表示を「可」にしております。くわしい状態をお知りになりたい場合はお問い合わせください。店舗併売のため、品切れが発生する場合がございます。その際は速やかにキャンセル・全額返金処理いたしますのでご了承ください」

これには在庫のことのみが書かれ、しかも複数出品しているから状態は「可」という最低ランクの状態で販売していて、気になるなら連絡くれたら教えるよという出品者です。

C．「【アマゾンより直送】送料無料・クリスタルパック包装（CD＋DVD2枚組）●帯・ケース（クリア）・ブックレットが付属します●盤面キズなし（初期動作確認済み）●全体的に使用感少なく綺麗な状態です●決済から、商品の保管、梱包、発送等はアマゾンセンターが対応します」

この文なら付属品もわかるし、品物の状態もわかりますのでなかなかいい内容です。このような文章であれば、購入者が買うときに判断できるのでベストだと考えます。

家電を販売する業者には、無在庫で、商品登録だけをしている業者も多くいます。その場合、「メーカーから取り寄せします」と書いているものもあります（次ページ画像参照）。こうした書き方をしている出品者は、FBAを使って販売していくなら、あなたの敵ではありません。

■「取り寄せ」ばかりの商品は狙い目

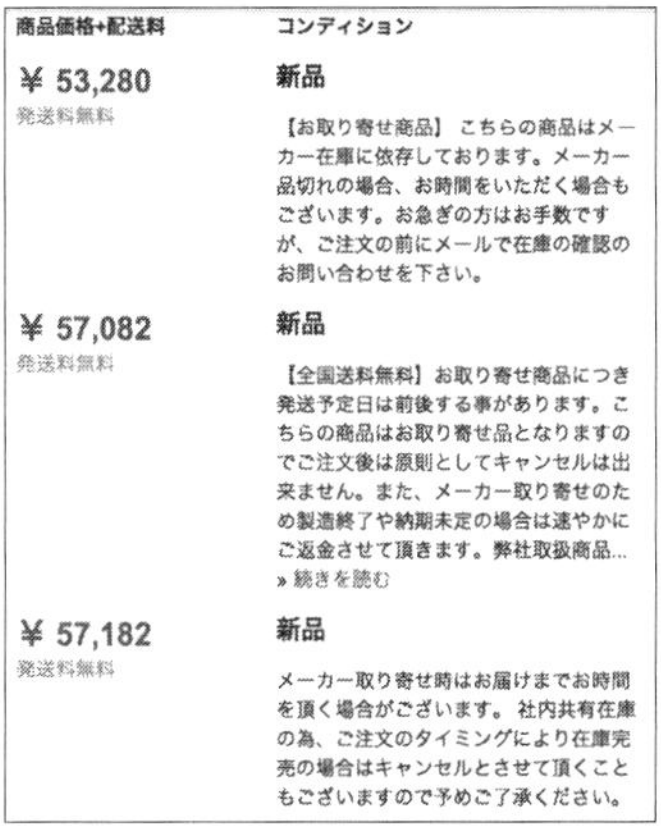

商品価格+配送料	コンディション
¥ 53,280 発送料無料	新品 【お取り寄せ商品】 こちらの商品はメーカー在庫に依存しております。メーカー品切れの場合、お時間をいただく場合もございます。お急ぎの方はお手数ですが、ご注文の前にメールで在庫の確認のお問い合わせを下さい。
¥ 57,082 発送料無料	新品 【全国送料無料】お取り寄せ商品につき発送予定日は前後する事があります。こちらの商品はお取り寄せ品となりますのでご注文後は原則としてキャンセルは出来ません。また、メーカー取り寄せのため製造終了や納期未定の場合は速やかにご返金させて頂きます。弊社取扱商品… » 続きを読む
¥ 57,182 発送料無料	新品 メーカー取り寄せ時はお届けまでお時間を頂く場合がございます。 社内共有在庫の為、ご注文のタイミングにより在庫完売の場合はキャンセルとさせて頂くこともございますので予めご了承ください。

全店が取り寄せの場合、すぐにでも欲しい人は強気な価格でも買ってくれる。

こうした競合のほとんどが「取り寄せ」の場合には、相手が大手のビックカメラだろうが、ジョーシンだろうが、あなたは遠慮なく大手より、業者より高値をつければよいのです。もちろん売れ行きは若干落ちるでしょうが、在庫が回復するのを待てないすぐに欲しい人は、在庫があって即納品してくれるあなたから品物を買います。それによって、圧倒的な利益を出すことができます。

そもそも説明文がまったくない人も家電では多いです。お客様から見たら手を抜いているように見えますし、商品の状態などがわからないので、きちんと書き込んだほうがよく売れます。

NET SEDORI

アマゾンで「あと数%」安く買う方法

アマゾンで仕入れてアマゾンで販売する際には、通常の金額で買っていては利益を上げられません。資金に余裕がある方だと、アマゾンのギフト券を先に仕入れておくことで、安く仕入れができる方法があります。アマゾンギフト券は、アマゾンで使えるバーチャルなギフトコードのことです。

例えば、ヤフオク！やモバオクなどで売られているアマゾンギフト券を買って、それからアマゾンで品物を仕入れるのです。

ギフト券を売りに出す人は現金が欲しいので、少々安くてもオークションサイトで換金したい人が多いと言えます。

1万円のギフト券の場合、9500円などで購入できることもあります。金額にしたら2～5%安くなればいいほうですが、2～5%利益を上げるということを考えた

■アマゾンギフト券を活用する

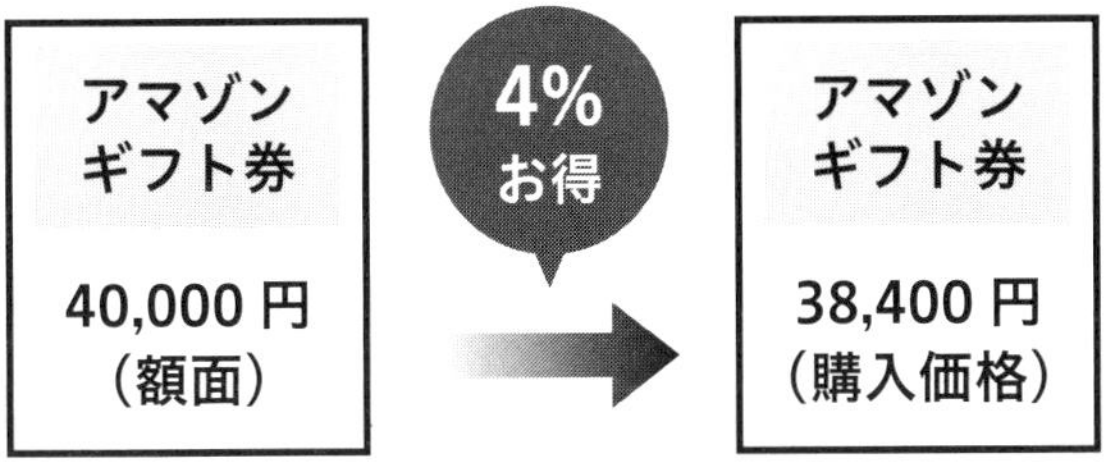

38,400円で40,000円分の仕入れができる

場合には大きな効果があります。

ネット上でアマゾンギフト券を専門で販売している業者などもありますので、そういうところから買うのも1つの方法です。有名なのは「amaten.jp（https://amaten.jp/）」というショップです。

ネット上で買うときには、グーグルで「アマゾンギフト券　販売」などと検索して、長年運営している、良質な店舗を探してみてください。

オークションサイトで購入する際も、相手の評価を見ながら取引してください。新規だと私は危険だと考えます。あくまでも仕入れ金額を少しでも抑えることが目的なので、少々値引き額が少なくても、実績のあるショップから買うようにしてください。

NET SEDORI

ポイントサイトを使って品物を安く買う

仕入れを継続的に行なうようになると、ポイントサイトを使って品物を安く買うのがおすすめです。

最初の登録は必要ですが、やっておくと、あなたがせどりを続ける限り、毎回1％以上のリターンがあります。毎月100万円仕入れる方なら1万円以上も得をすることになります。

おすすめは「ハピタス（http://hapitas.jp/）」というサイトです。

このサイトの会員になり、指定のリンクを経由して、楽天市場やヤフオク！で品物を買うと1％のポイントが返ってくるサイトです。オークションサイトだけではなく、ビックカメラやソフマップ、タワーレコードや、トイザらスなどの一度は聞いたことがあるネットショップで買ってもポイントが貯まる仕組みです。

■ハピタスで上手に買い物をする

生活シーンでポイントが貯まり、貯めたポイントは現金やギフト券、各種ポイントに交換できる。

1ポイント1円で交換できますので、買い物するときには指定のリンクを経由して買ってください。

すでにアカウントをもっている人にも再確認してほしいのですが、このサイトに載っている店舗は、重要な仕入れ先になります。広告費をかけてでも、お客を集めたいと考えている店なので、セールなども連動して行なうことが多いお店です。そういう視点で見れば、ふだん買ったことのなかった店が、仕入れ対象の店になることも珍しくないでしょう。アカウントを作るついでに、ショップ自体のリサーチも合わせてやってみましょう。

競合の癖を覚えてしまうこと

アマゾンでは、回転重視の方、利益重視の方など、本当にさまざまな出品者がいます。一般的にアマゾンで稼ぐには、ランキングがすべてだと思われがちですが、ランキング以上に重要なことが競合の癖なのです。

私が品物を扱う際に最重要視しているのは競合相手の癖です。ランキングがよい商品でも、他の競合の動き次第で売れ行きや、利益までも変わってしまう恐れがあるからです。

つまりランキングだけで仕入れるかを決めてしまうのは軽率だということです。

しかも、アマゾンでは在庫を複数もっていても、相手の在庫数がパッと見た感じでは読みづらいです。

ランキング以上に「競合出品者に誰がいるか」ということに気をつけているので

す。

小口出品者でFBAを使わない、自己配送メインの出品者については、販売者側とすると、対象とする客層が違うのでライバルになりません。逆に安ければ仕入れ対象として見るくらいで大丈夫です。

大口出品者の動きに注意する

問題は大口出品者でFBAを使っている競合をどう考えるかです。

・価格改定をほぼしない出品者

価格改定をしてこないので、あまり意識は向けなくても大丈夫です。

・価格改定はつねに最安値に合わせる出品者

相場形成という意味では共存派になりますので、とくに強く意識しなくても大丈夫です。

・価格改定はつねに最安値から10円安くする出品者。でも原価を割ってまでは売らな

い、途中で下げ止まる出品者

自分の原価を割ってまでは売りたくない人なので、相場が下がるのは問題がありますが、こちらは相手の在庫数を見ながら、早めに売っていく対策が必要となります。相手の商品を自分のショッピングカートに入れることで在庫数を見られます。

・価格改定では際限なく、自分が損をしても回転重視で販売している出品者

このタイプが一番手ごわいと言えます。回転重視のために損もいとわずに、ガンガン値下げしてきます。適正価格を割った場合も下げてきます。

そういう場合の対処法をこれから記載していきます。

他の競合出品者を見てみて、まず安値になっている商品をすべて自分のショッピングカートに入れてしまいます。入れたらその人たちがもつ在庫数が表示されるので、その数をメモしておきます。

そしてその推移を数日見てみます。すると、売れ筋商品の場合は、その価格や在庫に変動が見られることでしょう。それがわかれば、1か月でどれくらいの数が売れる

か予測できます。アマショウやプライスチェックも連動して見ておくとなおよいです。

予測ができたら、今度は他のショップでその商品が安値で売られてないかを調べます（価格コムや、リトルウェブで調べましょう）。もし売っていたら、さらに参入者が増える恐れもありますので注意しておきます。

まわりのショップでも安値で売ってない、あと1週間もすれば安値で売っている出品者が消えそうなことがわかれば、自分は深追いせずに価格が戻るのを待ちます。逆に、ランキングが悪く、値下げ合戦を行なっている出品者の在庫が売れるまでに、例えば半年はかかりそうだと読んだ場合は、自分も赤字を出してでもさっさと売り切るほうが得策な場合もあります。

一番悪いのは、相手が下げているから自分も下げるという短絡的な方法を取ることです。アマショウで推移を見てみて、ランキングが上がってきているなら売れやすい状況ができていることになりますし、出品者の人数が減ってきているなら、もうすぐ独壇場の売り場を作ることもできるかもしれません。価格が下がってきても、先のランキングの推移と、出品者の人数と在庫数を見れば、相場はある程度読むことはでき

■アマショウのグラフの見方

◉供給が少なくなっているパターン

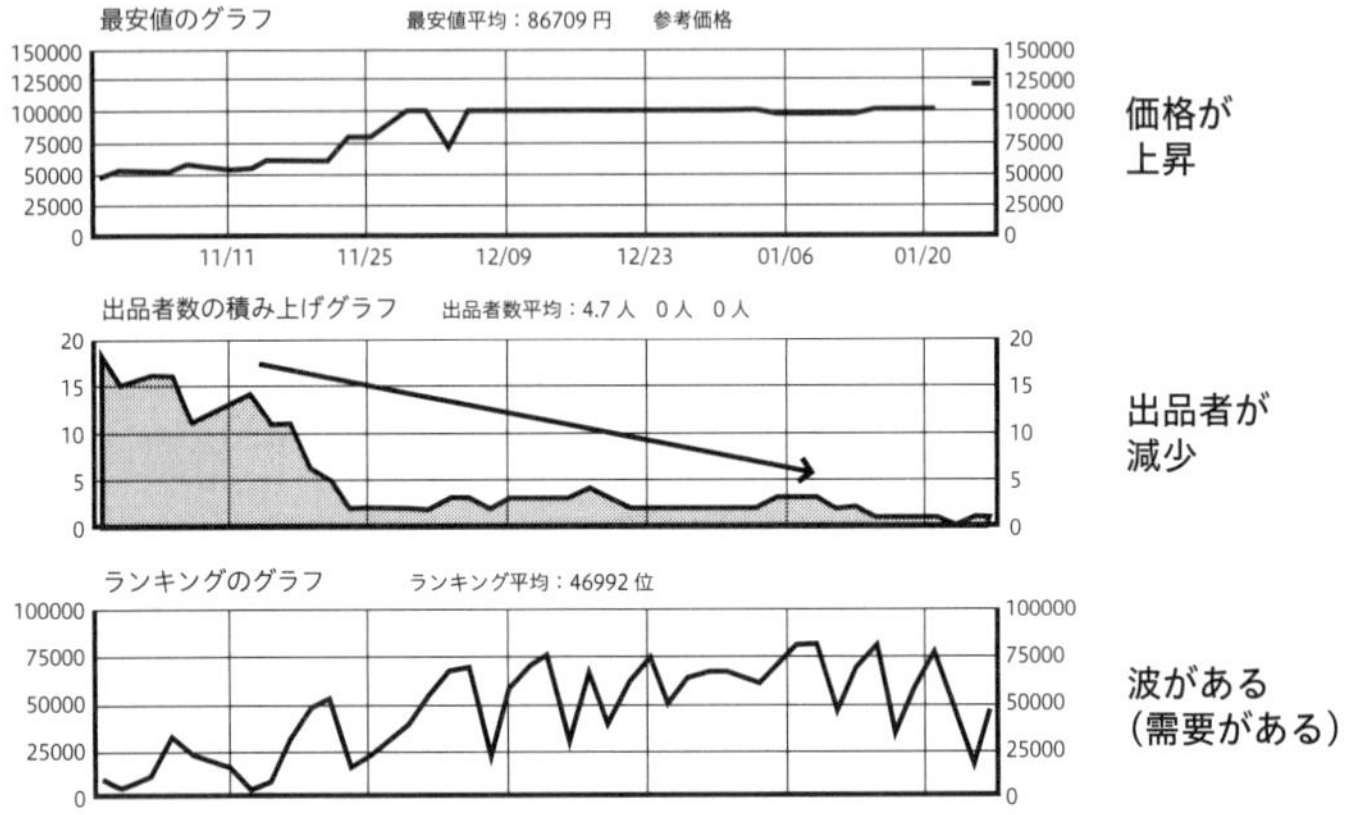

価格が
上昇

出品者が
減少

◉供給過多のパターン

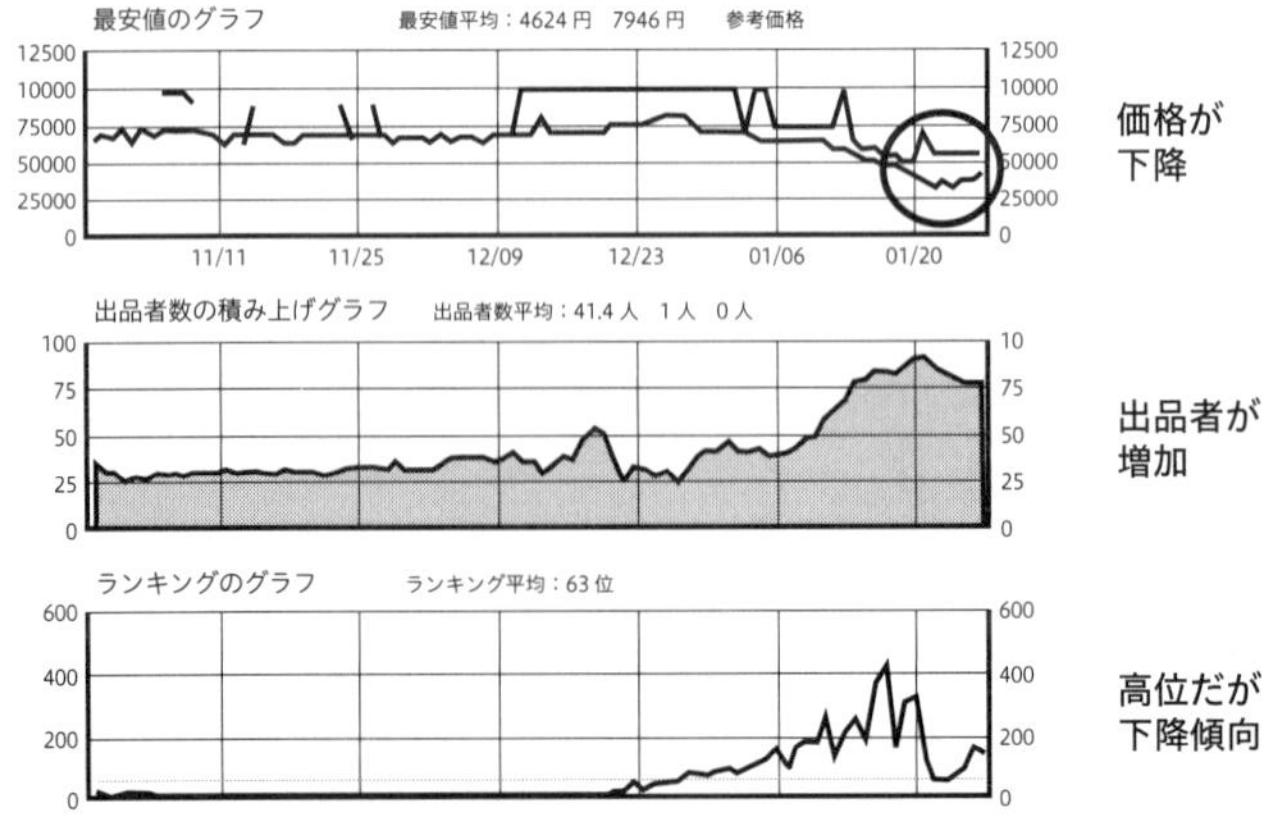

価格が
下降

出品者が
増加

ますので、在庫を複数もっている品物ほど、その点を見極めて販売していってください。きっと利益が大きく変わると思います。

理想は右ページ上図のような商品を狙うことです。価格は上がり、出品者は減り、ランキングは頻繁的に動いている。こういう品物を狙うと稼げます。

狙ってはいけないのは右ページ下図のような、価格は下がり、出品者は増え、ランキングは下がり調子、こういう品物を買うと、よほど買値が安くない限り、価格は下がり続けます。ランキングだけ見て仕入れをして損をしたことがある人は、価格の推移と出品者数の増減も一度重要視してみてください。

第5章

ヤフオク!の「心理戦」を制して稼ぐ方法

ヤフオク！は格好の仕入場所の１つです。うまく落札できれば利益につなげやすくなります。本章では、ヤフオク！をどのように活用すればよいかを紹介します。

NET SEDORI

ヤフオク！は「心理戦」を制することで稼げる

ヤフオク！は、安く仕入れることができる格好の場所です。オークションサイトの性質上、1円でも安く買いたい人が集まってくるからです。本章では「心理戦」を制し、ヤフオク！で仕入れてアマゾンで販売することによって利益を出していく方法を紹介します。

ヤフオク！で仕入れをする際には、「少しでも安く落札できる可能性のある品物」を探します。自分の得意分野やくわしいジャンルがあるなら、そのジャンルに狙いを定めて仕入れをしてもよいでしょう。初心者は、CD・DVD・ゲームなどから始めてみるのがおすすめです。

例えば、DVDを選んだ場合、カテゴリーはさらに、映画、アニメ、テレビドラマ、アイドル、趣味、実用と分かれています。それをさらに深く掘り下げていきます。そのカテゴリーの最小枠まで行くと、今度は「入札」という文字が右上のほうにあるので、クリックします。それを押すと、ヤフオク！サイト内で人気のある品物や、すでに誰かが入札している品物から順番に出てきます。

入札締め切りまでの残り時間が短いものからチェック

入札締め切りまでの残り時間の少ないものを中心に見ていきます。

ヤフオク！は出品ページを最大で1週間、掲載することができますが、入札価格がどんどん上がるのは終了間際です。ですから、残り時間が長い品物に細かく入札していても、結果的に落札できないこともあります。そうした品物をたくさん見ていてはどうしても効率が悪くなります。そこで、残り期間が「1日」「あと15時間」などの品物に絞って見ていくのです。

そしてその品物が高く売れる品物かどうか、オークファンやアマゾンなどの相場情報を調べていきます。その手法をくわしく紹介していきます。

NET SEDORI

さまざまな心理を読んで逆張りで仕入れる

ヤフオク!では売る側と買う側には、基本的には相反作用が働きます。販売側は高く売りたいと考えますし、購入側は安く買いたいと考えます。

では、オークションで安値で買うには、どういうことに目を向ければよいでしょうか？ 私が心がけていることを紹介します。

❶出品している商品に画像がない人から買う

人は画像を見てその商品を欲しくなるものなので、画像がない品物の落札価格は低くなる傾向にあります。こうした品物を狙えば、他の人はあまり入札しないので、安く買うことができます。写真があっても写し方がうまくない品物も価格はそんなに上がらないことが多いです。

❷オークション終了時間が朝3時などの設定になっている人から買う

人が寝ているときは、競り合う人がかなり少なくなるので安く買えます。

❸同じ商品を10〜20個、出品している人から買う

同じ商品をたくさん出している人だと、数個はあまり競り合わないで終わることもあります。

❹新規アカウント、もしくは評価が少ない人から買う

詐欺などのトラブルが怖いので、取引実績の豊富なベテラン出品者よりも安値で終わることが多いです。

❺自動延長がない人から買う

自動延長（終了5分前に入札があると5分延長になる仕組み）をつけていない品物は、その時間になるとオークションが終わるので、競り合わずにその時間の一番高値をつけた人が買えます。

❻早期終了に対応している人から買う

即決価格をつけていなくても、早期終了に対応している人だとオークション終了時間まで待たずともオークションを終了させることができるため、安く買えることがあります。もう少しくわしく説明しましょう。

例えば、1000円からスタートの品物があって、もし5000円で落札したいと思ったら、質問欄から「5000円で早期終了してもらえませんか?」という投げかけができます。そして相手方（出品者）が納得したら、早期終了を「あり」にしていれば、そのオークションを出品者は強制的に終わらせられます。

早期終了が「なし」になっていると、出品者は、オークション終了時刻までは自分の意志で終わらせることができません。

先の話で言うと、その品物に1万円の価値があるときなどで、他の人に買われたくない際に、早期終了の交渉をしてみるのも1つの手です。

❼たくさん販売している出品者の場合、複数買いすることで送料を抑える

品物を1つ買うと送料が800円かかるとします。2つ買っても送料は同じで出品している人もいます。そういう人から買えば、1つ分の送料が浮くことになるので2つ買うだけで800円の利益が生まれます。

❽プレミアはついているが、欲しい人が少ない品物を1円～出品している人から買う

プレミアがついているような商品にも人気の波があります。人気絶頂の品物と、一部のマニア向けの品物に分けられます。人気絶頂の品物だと競り合って相場並みの価格になりますが、一部のマニア向けの商品の場合、欲しい人の絶対母数がそもそも少ないので相場よりも安値で終わることがあります。

これらのように、人が購入をためらうことの裏には、稼げるチャンスが眠っています。リスクを許容しないとだめな方法もありますが、それを差し引いても稼げるチャンスが眠っています。

NET SEDORI

セット仕入れの極意

ヤフオク！仕入れで圧倒的な利益を得られる方法の1つに「セット仕入れ」というものがあります。

「セット仕入れ」とは、さまざまな商品を組み合わせて1つの品物として販売している出品物を探して買うことです。これを単品としてばらして販売することで、大きな利益を出せることがあります。

通常、このネットせどりで仕入れるときには、商品も探しやすく利益を計算しやすいことから、1品ずつ仕入れをすることが多いです。ただ、ネットせどりの競合出品者は全国にいますので、思うような利益が取れないことも出てくるでしょう。

そこでセット仕入れがおすすめです。

ここで、単品買いする人と、複数買う人の心理を考えてみましょう。単品買いする人は、その商品だけが欲しい人ですが、複数買いする人は、その商品が欲しいというよりも複数の商品を欲しい人が多いと考えられます。

このセット仕入れを行なうことによるメリットはつぎのようなものです。

セット仕入れを行なうメリット

①複数の商品を一気に買うことによる、仕入れの効率化
②無駄な競合を減らすことによる、安い仕入れが可能
③無駄な送料を最小限に抑えることが可能

つまり、セット仕入れによって競合を減らし、複数の品物を一気に仕入れるために効率を高められるのです。

ただ、セットに入っている複数の品物の価値を把握して落札していくことになるので、仕入れの難度は高いと言えます。とくに商品名が、オークションの出品文に書かれている品物は検索でヒットするのでリサーチしやすいのですが、写真だけしかない品物の場合は、オークションの検索ではヒットせず、その写真を見て商品を判断することになります。

写真だけの出品物を仕入れるのは最高難度の仕入れ方法です。しかし、うまくできれば最高に利益を出せる可能性のある仕入れ法でもあります。

セット仕入れをするデメリット

逆にセット仕入れのデメリットは、どうしても不要なものまで仕入れてしまうことです。

10品を組み合わせたセットを、あなたが落札したとします。うち3品だけで、買値を上回り、7品はあまり価値がない場合は、7品を再度ヤフオク！でセット売りしてみてください。価値の低いものはわざわざ単品売りしないで、セット売りして手間をかけずに早々に売り切って現金化することをおすすめします。

それから、セット仕入れはどうしてもリサーチに時間がかかります。必ずリサーチは必要なので、商品名が書かれているものからリサーチしてください。リサーチ能力の向上にもつながりますので、デメリットとも言い切れません。

セット仕入れをするときの検索キーワード

セット仕入れを行なう際には、ただやみくもに品物を探しても稼げる品物にはなかなか出会えません。自分が出品者なら、セット販売をするときに、どのような単語をつけるかを考えてみましょう。

まず、考えられる言葉は、セット販売なので「セット」という言葉です。それから、複数形の単語を入れていくことで、単品ではない品物がヒットするようになります。

ただ、「セット」という言葉だけだと検索語句としては弱いので、ＣＤなら「枚セット」、本なら「冊セット」、ゲームソフトなら「本セット」、カメラとかだと「台セット」などと入力すると、より精度の高いリサーチができます。

ほかにも、「いろいろ（色々）」「まとめて」「大量」「多数」などといった複数形の検索キーワードを入れることで、稼げる品物を見つけることができます。

NET SEDORI

価値を高めてセット販売する

ここではセット販売で大きな利益を出す方法を書いていきます。

セット仕入れをすることと真逆の考えで利益を出す方法なのですが、キーワードは「欠け」という言葉です。

アマゾンで販売できる品物は単品だけではなく、セット物があるカテゴリーもあります。本の全巻セットや、DVDの全巻セットなどです。店頭やネット上で買う際も、1つそろっていない「欠け」があることで、かなり安く仕入れられることがあります。

セット販売する理由は、単品ではそんなに利益は出せない品物でも、この「欠け」がある商品を仕入れてセットにすることで価値を高めることができる場合があるからです。

例えば『スラムダンク』の場合、ヤフオク!では安いときには全巻セットを

2500円で買えるときがあり、アマゾンでは現状7000円以上で販売できます。あくまでも一例ですが、古本屋で全巻集めてきて、アマゾンに出すことで稼ぐこともできます。

ヤフオク！での取引額もサイトでわかる

こちらはあとで紹介する「オークファン」というサイトを使って相場を調べておきます。最安値がわかっているなら、「ヤフオク！仕入れ、ヤフオク！で販売」で利益を出すことも十分できてしまうからです。

アマゾンに送ると、保管料や送料の負担が必要ですが、「ヤフオク！仕入れ、ヤフオク！販売」だと、送料はお客様からもらえ、手数料も安いので、アマゾンで売るよりも利益が取れる場合もあります。

ヤフオク！の最安値付近で、お目当ての本をセットで買い、全部読んでから、アマゾンやヤフオクで販売し、利益を出していた時期もありました。

マンガ喫茶に行かずとも、人気漫画を読破でき、楽しみながら稼げます。

NET SEDORI

過去相場を調べて落札できる価格を予測

ここでは過去相場を知ることで、仕入れ量を増やすことができる方法をお伝えしていきます。あなたが、ヤフオク！仕入れで、アマゾンで販売する際には、2つのサイトを使い分けるようにしてください。

1つめは、ヤフオク!の過去相場を調べることができるサイト「オークファン」。

2つめは、アマゾンの過去相場を調べることができる、「アマショウ」と「プライスチェック」。

とくに、ヤフオク！で仕入れをする際に、仕入れが思うようにできない人は、過去相場よりも安く仕入れをしようとしていることに原因があるので、まずはオークファンでのヤフオクではふだんいくらで売れているかを見ます。

それと同時に、アマゾンではいくらで売れているか、売れている頻度も見ながら、アマショウとプライスチェックを見ていきます。

両方のサイトでアマゾンの手数料を引いても利益が出る場合には、その品物はヤフオク！仕入れに適した品物となります。

ヤフオク！で、1万円でつねに売れていて、アマゾンでもつねに1万円で売れている品物があったとしたら、いくら入札しても買えません。1万円で売ったとしても、手数料などを引かれて利益も取れませんので、最初のうちは手間ですが、両方のサイトを見ていくことをおすすめします。


次ページからオークファンについて解説していきたいと思います。

NET SEDORI

相場を調べるときは検索ワードに注意する

オークションの過去相場を見ることができる「オークファン（aucfan.com）」というサイトがあります。

オークファンは、一般会員だと無料で使えますが、過去の相場が見られる期間が限られます。プレミアム会員になれば、月額498円かかりますが、のちほど紹介する、かんたん入札予約ツールが使えますし、過去3年分の落札データを見られます。

最初は無料でもよいと思いますが、これを活用すれば間違いなく稼ぎやすくなるので、プレミアム会員での登録を強くおすすめします。

検索する言葉を強く意識する

このオークファンで過去相場を調べる際に注意すべきこととして、検索する言葉の表記があります。

アマゾンとは異なり、オークションの出品物は独立しています。例えば、「ルイヴィトン」というブランド品を見る場合、出品者によって、言葉のつかい方が違います。

A・ルイヴィトン　13994件
B・LOUISVUITTON　2171件
C・ルイビトン　46件
（2013年12月の各名前での落札数）

というように出品ページのタイトルのつけ方に違いがあるわけです。

やはり手軽に書けるカタカナが多いことがわかります。それを知らずに、同じカタカナでも、「ルイビトン」というワードで過去相場を調べようとしていると、他の方と同じオークファンを使っているのに差が出てきます。相場を調べるという意味からも、言葉の重要性を意識してリサーチしてください。

NET SEDORI

落札価格の相場を正確に調べる方法

オークファンで落札価格を調べるときには、平均値に注目します。

例えば、過去1か月に10件の落札があり、落札の最高値が1万円、最安値が3000円だったとします。これ以外の8件の品物の落札価格を見ていると6000～7000円だった場合にはどのように考えればよいでしょうか?

こうしたケースでは、上下の落札額はイレギュラーな価格として、基本的に無視して考えてください。たまたま安い価格で落札されてしまったり、たまたま熱くなった人が競り合って落札価格が高騰したりしたケースが多いからです。その価格を平均値に入れてしまうと相場を見誤ってしまうことになります。

この例の品物の場合、残りの平均価格が6500円だったら、その価格が市場の相場だと判断し、それでアマゾンで差益が取れるかを見ていきます。

それで差益が取れるなら、その商品は転売に適した商品です。継続的に仕入れができて、利益を得られるような商品を、複数もっておくことが継続的な稼ぎにつながります。

さらに、この平均値の相場を把握するときには、新品、中古の区別もできますので、新品を仕入れる際は新品を、中古なら中古の部分をクリックしてください。

過去相場は嘘をつきません。過去相場を調べて相場観を養っていけば、稼ぎやすくなるでしょう。

出品者の他の出品物もチェックする

稼ぎやすくなるためには、そのオークファンで見た過去相場で仕入れをしていたと考えられる出品者の他の出品物を見ていく視点ももっておいてください。利益が出る商品を出品していた人なので、他にも稼げる品物を出していて、今後も継続的に稼げる品物が発見できる可能性が高いのです。こうして横展開する方法を覚えれば、仕入れの幅も稼げる金額もぐっと広がります。

NET SEDORI

ヤフオク！から仕入れる

ヤフオク！から品物を仕入れるときには、大量の出品物のなかから、アマゾンで売って利益が出る品物を探す必要があります。これが慣れないうちは、思うように見つけられず、挫折するポイントの1つです。

比較的簡単に、アマゾンで転売できる商品を探す方法があります。お客様のニーズのある品物を探して、その価格とアマゾンの価格を見比べて、ある特定の商品をあらかじめリストアップしておくのです。

オークション形式のメリット・デメリット

最近のオークションサイトは、即決価格と呼ばれる固定価格で販売している人も多いのですが、オークションの醍醐味は、1円～販売されるオークション形式にあると、私は考えています。

このオークション形式にはメリット・デメリットがあります。

売る側のメリットとしては、たくさんの人と競り合ってもらい、相場よりも高値で販売できることがあります。デメリットとしては、思ったよりもページを見てもらえずに、相場よりも安値で終わってしまう場合もあることです。

買う側としては、このデメリットの場合を狙って仕入れをしていきます。1円からだとどうしても落札価格に差ができてしまうので、低価格から出されている品物については、オークファンで過去相場を確認して、ヤフオク！などのオークションではどれくらいで売れているか、アマゾンではどれくらいの価格で売れているかを調べて、価格差を見つけて仕入れを行なえば、稼げる商品を比較的簡単に落札して仕入れられます。

このあたりをふまえて、オークションで仕入れるようにしてください。

NET SEDORI

複数のオークションサイトを一気に調べる

現在、日本にある仕入れが可能なオークションサイトには3つの代表的なサイトがあります。

・ヤフオク!
・モバオク（モバイルオークション）
・楽天オークション

などです。仕入れができるサイトは圧倒的にヤフオク!がメインになるのですが、それ以外のサイトも、一気に調べたほうが効率がよいでしょう。

そのときに使えるサイトが「Ｒｉｔｌｗｅｂ（リトルウェブ）」です。使い方も簡

■オークションサイトを一気にリサーチできる「リトルウェブ」

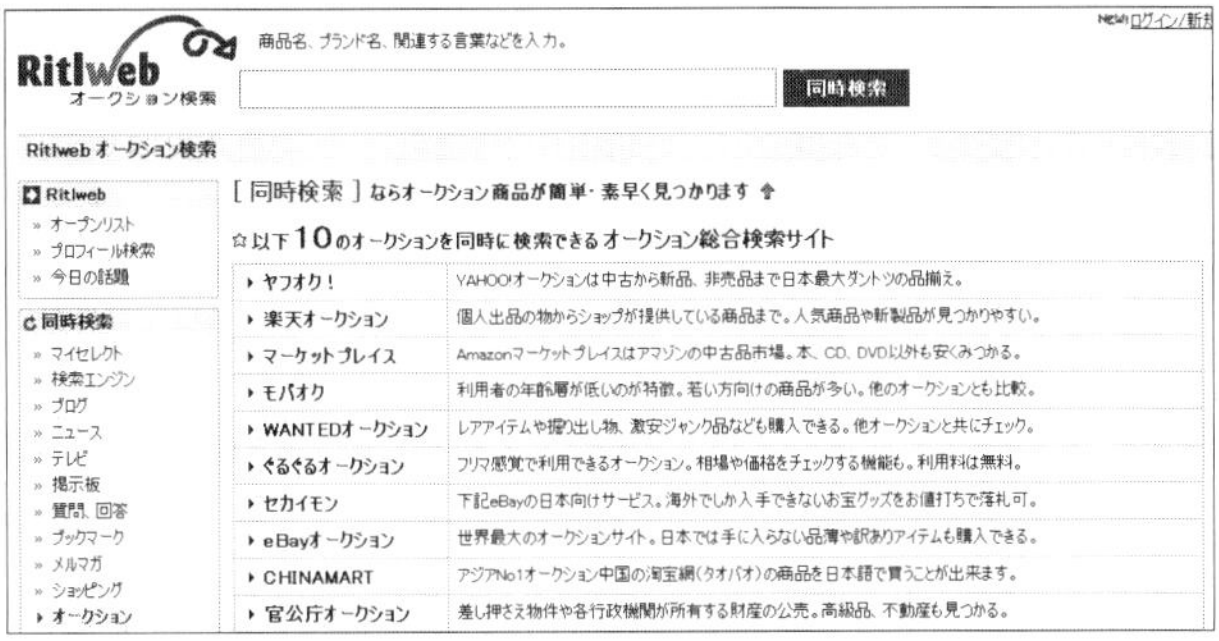

あらゆる日本のオークションサイトを一気にリサーチでき、仕入れに便利。

単で本当にすごく便利です。

検索したい文言を検索窓に入れて検索ボタンを押すと、日本に存在するオークションサイトをほぼすべてリサーチすることができてしまいます。

すごく便利なので、オークション仕入れを行なう際は必ずやりましょう。

このサイトは、楽天市場やヤフーショッピングにも連動していますので、ネットショップからの仕入れも同時に行なうこともできます。

NET SEDORI

自動入札予約ソフトを使う

ヤフオク！仕入れを行なう際に、一番もったいないのが「入札忘れ」です。せっかく稼げる品物を見つけても入札しなければ落札できません。すべてのオークション終了時間の前に、パソコンの前にいることは不可能だからです。

入札忘れを防止したり、代わりに入札してほしいときのために、オークファンのサイト上にある入札予約ソフトがあります。オークション終了直前になったら自動的に入札をしてくれます。

商品を見つけた段階で入札すればよいという意見も出てきそうですが、オークションは、1円でも安く買いたい人が集まる場所です。そうすると、少しでも安く買いたい人は、終了直前で入札してきます。つまり残り5分などで価格が上がってしまうの

■オークション仕入れの必須ツール「オークファン自動入札」

入札忘れを防いだり、何らかの事情で入札できないときに大活躍。

です。そこで、自動入札機能を使って、その直前で上がるのを見越して少しでも競合を減らし、安値で買うために、自動入札を使っていきます。

オークファンの自動入札予約ソフト以外には、ベクターや窓の杜といったサイトでも、フリーソフトがダウンロードできます。自動入札にかぎらず、自分の作業を効率化できるものは積極的に取り入れるべきですので、一度ダウンロードして使ってみることをおすすめします。

NET SEDORI

ヤフオク!出品はやったほうがよいのか?

販売先として、ヤフオク!にも出品したほうがよいのかという質問を受けることがあります。

私の結論から言うと、初心者のうちはあえてヤフオク!に手を出す必要はありません。というのも、ヤフオク!はアマゾンと比べると、作業時間が多く必要になり、取引や発送を自分で行なうことになるので、副業で稼ぐには効率的ではないからです。

ただアマゾンを使って、ある程度、稼げるようになったら、ヤフオク!でも出品するべきだと私は考えます。アマゾンだけがあれば大丈夫だという意見もありますが、本書の初めのほうでも書いたように、お客様が買う場所は多様です。ヤフオク!のほうが圧倒的に売れやすい品物もあります。

とくに、2013年10月にヤフーが、ヤフオク!出品料永久無料を発表し、売れたときにだけ5・40％の手数料を払うことになったので、以前よりも取り組みやすい状況になっています。

一般市場にあまり出ないものはヤフオク！向け

ヤフオク！向きで稼ぎやすい品物は、一般市場にあまり出ない商品です。

例えば懸賞の当選品などがイメージしやすいかと思います。懸賞品は、一般市場に出ないことから高値になりやすく、アマゾンでは基本的に販売されないので、ヤフオク！などで取引されることになります。

「ワンピース セブンイレブン限定 トラファルガー・ローフィギュア セピアカラー」のフィギュアなどは、500名限定ですが、ヤフオク！では3万6000円で取引されています。人気が高いものは、このように軽く数万円の値がつくものもありますので、何かの懸賞が当たって不要なときは、ヤフオク！に出品するのも1つの方法です。

まずはアマゾンで月収10万円を超えるようになれば、ヤフオク出品を考えてみてもよいでしょう。当面はアマゾン一点集中でよいでしょう。

NET SEDORI

0円で仕入れて販売できる意外な商品

アマゾンで稼げるようになるまでは出品しなくてよいと言ったヤフオク！ですが、資金0円で仕入れができて稼げる品物をあなたがもっているなら、アマゾンでの仕入れ資金を作るために出品することは戦略として間違っていません。

例えば、こういう品物をヤフオク！に出してみてはいかがでしょうか？

①**流木**……水槽のオブジェとして売れることがあります。

②**松ぼっくり・どんぐりなど**……一部ペットのエサなどに使われたりします。需要は一定数あると言えます。

③**切抜き**……1枚ではほとんど売れませんが、芸能人ごとにファイルしておいて出品すると案外高値で売れます。

④フリーペーパー……地域限定の物、芸能人が載っているものは売れるものもあり。

⑤販促グッズ……これは、企業のイメージタレントとして芸能人を使って宣伝しているのですが、そのグッズは市場に出回らないので高額になりやすいです。

⑥バーコードや応募券……抽選で当てるために必要な場合があります、バーモンドカレーのバーコードなどは、一番高いときはルーよりも高値になったこともあります。

これらの商品は資金がない方にはおすすめのものです。仕入れが無料なので、売れたらすべてがそのまま利益になります。

これ以外でも手に入れられるものはたくさんありますので、無料で手に入れられるものがあれば、それに価値がついているか、オークファンで売れるかどうか調べる癖をつけて、ぜひいろいろお宝を探してみてください。

なお、ヤフオク！に出品できない商品もガイドラインで記載されていますので確認してください。

NET SEDORI

無料ツールやサイトで作業を効率化する

ヤフオク！で手間のかかる作業に「再出品作業」があります。出品したものがすべて売れてくれるのが理想ですが、売れないと再度1品1品、手動で再出品という作業をこなす必要があります。

品数が少ないうちは手動でも作業できますが、数が増えてくると、かなりの時間も手間もすごくかかる作業です。ここでは、そんな再出品を簡単自動で行なってくれる無料ツールを紹介します。

「一括出品おまかせ君（http://www.noncky.net/software/omakasekun/）」というツールは、オークションで複数の品物を販売するようになったら、使ってもらえたらと思います。

ヤフオク！で面倒な再出品が、ボタン1つで、できてしまいます。他にもいろいろ

■出品作業を効率化する「一括出品おまかせ君」

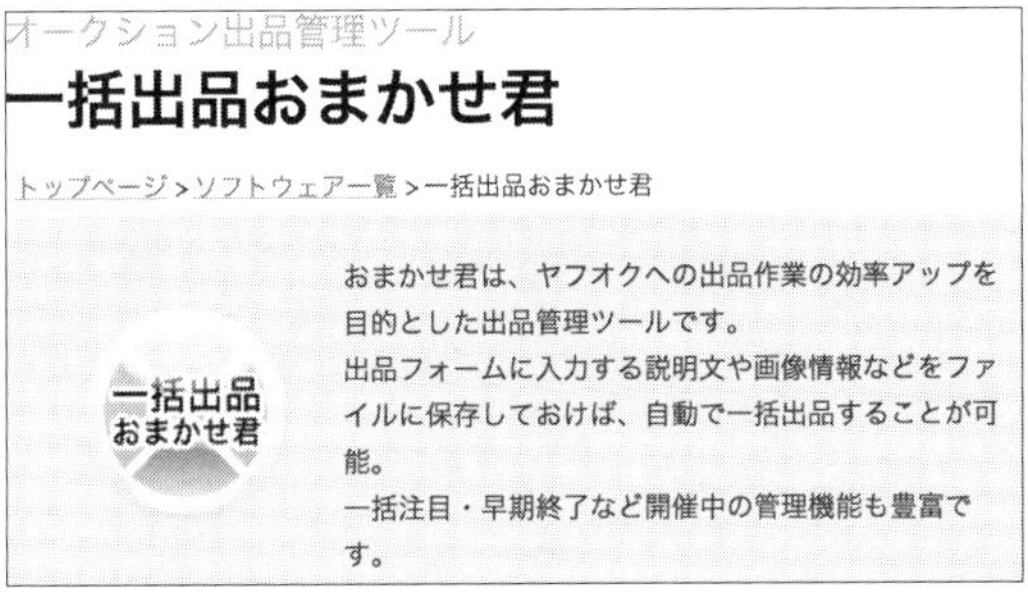
オークション出品管理ツール
一括出品おまかせ君
トップページ > ソフトウェア一覧 > 一括出品おまかせ君
一括出品
おまかせ君
おまかせ君は、ヤフオクへの出品作業の効率アップを目的とした出品管理ツールです。
出品フォームに入力する説明文や画像情報などをファイルに保存しておけば、自動で一括出品することが可能。
一括注目・早期終了など開催中の管理機能も豊富です。
手間のかかる再出品作業もこれでラクラク。

再出品ツールはありますが、簡単に無料で使えます。

他にはヤフオク！で面倒な作業は、画像の撮影と、説明文の作成だと思います。ここでつまずく人が多いのですが、最初にテンプレートを作っておくと、出品時間もそれほどかかることもないです。

とくに、きれいな出品ページを作っておくと、それだけお客様の印象もよく、入札されやすくなります。有名なところでは「即売くん」があります。ＨＴＭＬと呼ばれる言語が使えるなら、一度テンプレートを作っておき、出品の際にコピー＆ペーストして貼りつけるだけでも効率化が図れます。

NET SEDORI

同じ品物なのに価格差があるもの

せどりを行なっていると、同じものだけど価値が違う品物があります。

サインつきであれば、高値で取引されることも

例えば、芸能人の写真集に、本人が書いたサインがあるだけで、価値が数倍になることも珍しくありません。アマゾンではコレクターというジャンルに出すことになります。

同じものだけど、サインが付加価値をつけている例です。

こうした商品は、サイン入りコーナーが人知れず設けられているリアル書店があったりもしますし、「ＪＢＯＯＫ」などのネット書店でも、サイン入りの書籍が普通に

売られています。そういう付加価値のあるものを仕入れることで、通常の価格競争に負けない販売戦略をとれます。

ただ、絶対にやらないでほしいのは、付加価値がつけば稼げるからといってサインを自分で書いたりしないことです。先日も嵐のサインを真似て販売していた人が詐欺容疑で逮捕されています。稼ぎたいからと、安易なことは絶対にしないでください。

コレクター心をくすぐるCDの「裏初回版」

CDなどには「裏初回版」があるものもあります。いまでこそCDは「通常版」と「初回版」がはっきり区別されていますが、ひと昔前は、いまほど種類が分かれていませんでした。通常版だけど、初回プレスという形で、販売後、通常版として販売されている品物がありました。そういう品物は店側からすると、価値は同じなのです。

裏初回版では、ジャケットデザインやなかの付属品が違うなど、やはりコレクターの心理に訴える特別感があるので、高値になります。アマゾン内で、この「裏初回版」を探すには、基本的にコレクター出品を中心に見ていきます。

aikoの「桜の木の下」というCDの場合も、中古は1円ですが、コレクターの出品も多いです。ジャケットに違いがあるために価格差が生まれています。

マンガでは、手塚治虫の『ブラックジャック』の4巻の同じ第37話に「植物人間」という題名のストーリーが入っているものと、「からだが石に」が入っているものがあります。「植物人間」のほうが発行禁止処分（発禁）になり「からだが石に」に差し替えられたのです。「植物人間」を収録しているほうは、現在でもプレミア価格がついていたりします。

一見同じ品物でも稼げる品物が眠っている場合があるので、その違いを知っているだけで他人が仕入れできない物を仕入れることもできます。こうした商品を見つけるコツは、プレミア品を扱っている実際の店舗や、ネットショップに頻繁に見にいくことです。高い物には理由があるので、その理由をぜひ探ってみてください。

第６章

稼ぐ人だけが知っている「プレミア商品」の目利き法

プレミア商品を見つけて販売できたときのうれしさというのは、せどりの醍醐味の１つです。精度の高い予測を立てることはむずかしいのですが、法則を紹介します。

NET SEDORI

人気商品をリサーチして「旬」をつかむ

世の中には、稼げる商品がたくさん存在します。価格は需要と供給で決まるので、バランスが崩れる品物をいかに見つけられるかがポイントになります。

ただ、こういう品物には「稼げる時期＝旬」というものもあります。それを知らずに人気の高い品物を探すことはむずかしいですし、大きな利益を出せないでしょう。

ここでは、稼げる商品を探していく際に、どういった部分を見ていくとよいのかを紹介します。

まずは、各種サイトの「人気キーワード」を見ていくことです。

例えば、ヤフオク!内では、トップページに人気のキーワードが表示されています。その人気のキーワードから稼げる情報を探し出す方法も有効です。カテゴリーを絞っていくと、その絞ったカテゴリーで人気のある商品がまた出てきますので、そこで見つかるキーワードも使えます。

「ベストセラーランキング」のチェックを習慣に

アマゾンでも、カテゴリー別にベストセラーの100位以内の商品を見ることができます。そのランキング（http://www.amazon.co.jp/gp/bestsellers/）をチェックするだけでも人気の商品はわかります。

ヤフオク！やアマゾンに限らず、他のサイトでもベストセラーのページはほぼ必ずあります。そうしたサイトで人気のある商品やキーワードをチェックしていくだけで、いま何に人気（需要）があって売れているのかがわかります。またランキング上位で売れている商品なのに、在庫がないものが見つかると、プレミアになっているかもしれないという判断もできるようになってきます。

NET SEDORI

「高値になるかどうか」を事前に見極める方法

ネット転売で稼ぐためには、

①いますでに相場が出来上がっているものを仕入れる方法

②これから上がる品物を予測して仕入れて販売する方法

という2つの方法があります。

ふだんは、①の方法で安定した利益を稼ぐことができます。②の方法で利益を出すには、これから上がるものを予測して仕入れる目利きが大切です。

一般的に「予測」というと、超能力者でもないので、そんなことはできないと思うかもしれません。ただ、過去の出来事をふまえたうえで、未来に起こる出来事を考えれば、一定の精度で未来予測ができることがあります。

例えば、仮面ライダーの変身ベルトなどは、クリスマス前には、子供がサンタクロースからのプレゼントで欲しがることから需要が高まります。市場では在庫が欠品して、相場が急騰することがあります。

私はこういう品物は、両親が購入して本当に欲しがっている子供の手に渡ったほうがいいと考えているので、あまり扱わないことにしていますが、そういうことを見越して買う人がいることも確かです。

このように、毎年欠品・高値になる品物の傾向を覚えておくだけで、利益を上げられる品物を仕入れられるのです。

「NHK紅白歌合戦」をもとに予測を立ててみる

仮面ライダーの変身ベルト以外の商品でも、需要が高まる時期をある程度予測できます。年末のテレビ番組「NHK紅白歌合戦」などは、わかりやすい例です。

「NHK紅白歌合戦」は、日本人なら知らない人はいないくらい、有名な年末のテレビ番組です。その出演者に目を向けると、稼げる品物を予想することもできます。

狙い目として注目するべきなのは、毎年出ているような「常連歌手」ではなく、初めて紅白に出る「初出場歌手」や、何十年ぶりかに紅白に出る歌手です。つまり、話題性のある歌手です。

紅白で初めて知る人も案外多いものなので、紅白歌合戦の放送前後は、とにかく需要が高まるために、価格も上がりやすくなるのです。何よりも商品の回転率がよくなるというメリットもあります。

夏にあえて暖房器具を買ってみる「逆張り」仕入れ

季節家電なども需要が高まる季節を読みやすい商品です。

暖房器具を夏に買う人は少ないでしょうし、冬に冷房器具を買う人は少ないでしょう。やはり夏に冷房関係の品物はよく売れますし、冬に暖房器具が売れるのは誰でも予測できるはずです。

夏のうちにセールなどで暖房器具を安く仕入れて、冬になって販売するなど、人と違ったことを行ない、大きな利益を稼ぐことも十分できます。

例えば、夏に石油ファンヒーターを5000円で仕入れ、冬に2万5800円で販売して大きな利益が取れました。

こうした、人々が欲しくなるような購買心理を見越して、ひと足先に仕入れておけば稼ぐことができます。

仕入れてからどのぐらいの期間まで寝かせるかは、資金の余裕と他の出品物との兼ね合いになるでしょう。もちろん、想定ほどに需要が高まらない場合には、損をするリスクもあります。需要と供給のバランスを見ながら仕入れることが肝心です。

NET SEDORI

稼ぐ人はみんなやっている「タイアップ戦略」

みなさんは「タイアップ」という言葉を聞いたことはありますか?

タイアップ(tie up)とは「結びつく」という意味で、一般的には、「協力・提携」というお互いにメリットを共有できる関係を築くときなどに使われます。

一般的なイメージだと、テレビのコマーシャルで、歌手がそのCMに曲を提供している場合などに「タイアップCM」と呼ばれます。

せどりで言う「タイアップ戦略」とは、テレビや雑誌などの、何らかの外的要因によって注目を集め、商品や他の関連商品の価格が上がることに目をつけて稼ぐ手法のことです。

ネットせどりをしている人は、タイアップの情報を人よりも早く仕入れて、価格が上がる前に、品物を仕入れて稼いでいます。

映画公開前に、テレビで過去作を見たことがある人もいるのではないでしょうか？これは、テレビと映画がタイアップしている例です。テレビで過去作を見た人が、映画館に足を運ぶということを見越しての放送なのです。この過去作を放送しているときは、その関連商品がよく動く傾向にあります。そういう動きを意識して稼ぐのがタイアップ戦略となります。

タイアップで有名なのは、映画公開に先駆けて関連商品を仕入れておくという方法です。映画などは告知なしにいきなり公開されるわけではないので、「映画ドットコム」で前もって調べておくことができます。

在庫を仕入れて寝かすときには資金回転を考える

映画の場合だと、1年前から公開情報がわかることもありますが、その段階では人気が出るかどうかはわかりません。もしわかっていても、仕入れをしておいて商品を寝かせるのは、資金回転から考えてもよくありません。仕入れるタイミングは、メディアに情報が報道される時期、つまり〝多くの人が気づく少し前〟が狙い目です。

注目すべきは、人気アニメや人気テレビドラマの映画です。公開されるときには、昔の作品やおもちゃなどの関連商品が高値になることも多いです。

高値にこそならなくても、商品の回転率は上がりますので、先駆けてリサーチしておくと、高利益を取ることができます。

テレビ番組などで、過去に上映された洋画やアニメが放映されるだけでも、そのテレビを見た人や、見過ごした人が、関連のＤＶＤを買ったりすることもありますので、テレビの情報もインターネット、テレビガイドなどでチェックしておくといいでしょう。

テレビで特集が組まれる商品なども、一気に需要が高まる場合がありますので、ちょっとでも気になった品物は、アマショウなどで相場の流れを読むようにしてみてください。

NET SEDORI

人気の理由を探って「横展開」して仕入れする

人気テレビドラマ「A」があったとします。

多くの人は、このドラマがDVD・ブルーレイ化、CD化するのを待ちます。人気があることが事前にわかっている品物の場合、生産数も競合も多く、よほど高値にならないと大きく稼げません。

そこで私は、関連商品にまで視野を広げるリサーチ方法をおすすめします。「A」というドラマがあれば、そのドラマの「主演女優Bさん」に注目します。Bさん自身の人気によって、ドラマにも人気が出たとも考えられるからです。

Bさんがドラマ出演する前までの3年間は知る人ぞ知る女優さんでしたが、そのドラマ出演をきっかけに一気にブレイクしました。

このようなケースだと、その女優さんの過去を知りたいファンが過去の作品を欲しがります。すると、女優Bさんの過去のカレンダーや写真集などが高値になることがあります。

人気の理由が「脚本家のCさん」にあったとすると、その脚本家が台本を書いた映画を探してもよいでしょう。劇中に印象的な「小道具D」が出てきたら、それに人気が集まりプレミアになる場合もあります。

このように、**平面的に物事を見るのではなく、「人気のあるもの」→「人気の理由」→「それに関連した商品」というように、より多角的に情報を見られるようになると、仕入れができる商品がかなり増えてきます。**

関連グッズはプレミアがつきやすい？

関連グッズがあるなら、それを狙う方法もあります。こうしたテレビや映画の関連グッズは限定商品になることが多い傾向にあります。「ネットショップ限定商品」もあれば、ロケ地などでだけ手に入る「ご当地限定」のショップやグッズなどもあります。

例えば、東京駅にある「東京キャラクターストリート」という各テレビ局の人気グッズが販売されている場所があります。ディズニーのグッズも、「東京ディズニーリゾート」のパーク内のショップでだけで買うことができる限定グッズもあります。こうした場所で限定グッズを探して仕入れ、アマゾンやヤフオク！などで販売すれば、稼げることもあります。ライブ会場などで限定販売しているグッズなども、ライブに行けなかった人たちからの需要は多く、ライブ費用が浮くくらいのお金を稼げてしまうものもよくあります。

その土地や場所でだけ手に入るグッズがあることを知っていても、何らかの事情で行けない人は必ずいるものです。そうした人は、少々値段が高くてもネット上で買う傾向にあります。**自分の「土地の利」を活かせるものがあるなら、一度足を運んで仕入れてみるとよい結果を生むかもしれません。**

NET SEDORI

企業×企業の「コラボ商品」で稼ぐ

タイアップ戦略をいろいろと紹介しましたが、企業×企業での、企業タイアップ戦略に関連したグッズも狙いめです。これらは、期間限定のグッズなので高値になりやすい傾向にあります。

1．外食チェーン×おもちゃの「おまけ」

外食チェーンがキャラクターとタイアップしていることがあります。

有名どころでは、マクドナルドのハッピーセットを食べたらもらえるおもちゃは、毎回人気があります。その時々の品物によって利益は変わりますが、食べた代金が、ほぼ浮いてしまうような事例もあります。

2. 映画館×本の「非売品商品」

最近は、映画館にも稼げる品物は多いです。有名な話だと、ワンピースの映画が公開されたときについていた非売品の本がプレミア化しました。実質映画代が無料になるほど稼げることもあります。

需要と供給のバランスを見極めながら足を運んでみるのもよいかもしれません。

3. コンビニ×アニメの「コラボ商品」

こういう組合せで稼げる商品も、探すと案外あります。アニメだけではなく、歌手とタイアップしていることもあります。最近あった例だと「ローソン×けいおん」、「ポプラ＋種島ぽぷら（『WORKING!!』のキャラクター）」などというコラボもやっていました。探すと本当にお宝の宝庫です。他にも、コンビニで売られているペットボトルのジュースのおまけも、飲料メーカーとのタイアップ品になります。

タイアップ品を意識して探すと、稼げる商品も面白いように見つかりますので、探してみてください。

NET SEDORI

「プレミア商品」には傾向がある？

せどりをやっていると、品数の多さから、どれにプレミアがついているかわからないので、何を探していいのか、何を仕入れたら稼ぎやすいのかわからないでしょう。そこで、プレミアがつく傾向が高い品物を紹介します。

◉CD・DVDなどの「初回限定版」

初回限定版は、市場に出る数が決まっているので、高値になりやすい傾向がありま す。ゲームも基本的には限定版にプレミアがつきやすいといえます。

◉本やDVDなどの「最終巻」、雑誌

本やDVDの最終巻は高値になりやすい傾向にあります。最終巻が高値になりやす

いのはなぜでしょうか？

本でもDVDでも1巻が発売されて、人気が出ていくと再版します。すると最初のほうの巻は、2刷、3刷と版を重ねていきます。一方、最終巻は、人気も収束しがちなので若い巻に比べると何刷もされないことが多く、発売数に差が出てきます。

そこで1巻を読んだ人が最終巻を読みたいと思う場合には、最終巻付近が市場に出回っている数が少ないので、高値になりやすいのです。

雑誌は重版することは少ないので、人気タレントやアイドルが出ているものは、高値で取引されることもあります。

◉歌手のファーストシングルや初のベストアルバム

CDのファーストシングルが高値になる理由は、人気も知名度もあまりない新人がCDを出す場合、発売枚数が少ないからです。セカンドシングルで一気に人気が出たとすると、その前のCDもファンは欲しがりますので、需要と供給バランスが崩れ、ファーストシングルが高値になります。

初のベストアルバムが高値になりやすいのも、基本的には同じ原理です。ともに過去のシングルの1曲目（CMや映画のタイアップ曲）が全曲入ることが多いベスト盤は、聴きたい層の幅が広い傾向にあります。そもそもの需要が、普通のアルバムよりも高いので、それの初回限定版については、高値になる傾向があります。なお、すでに人気のある歌手やバンドの場合は、初回限定版といってもそもそも生産枚数が多いケースもあるので、プレミアがつかない場合もあります。

◉フィギュアは「脇役」に注目する

フィギュアの場合は、発売後再販されにくいキャラが高値になることも多いです。いわゆる脇役に多いと言えます。

「非売品」系の物がヤフオク！などでは高値で取引されています。「数量限定品」というのも見過ごせないキーワードです。限定○○個などで販売される品物は、ファンならもっておきたい品物の1つです。限定物が売られていたらとりあえずリサーチしてみてください。思わぬ「お宝」に巡り会える可能性があります。

NET SEDORI

価格を一気に高騰させる4つの「サプライズ」

ここからは、どういった出来事があったときに感情が動き、相場が動くものなのか、事例も入れながら解説していきます。

1. お祝い

うれしいニュースで、市場が盛り上がるケースがあります。

例えば、2013年秋に、プロ野球日本シリーズで東北楽天イーグルスが優勝しました。田中将大の力投が印象的でした。誰もが感情を揺さぶられたそのときに、流れていた曲が、FUNKY MONKEY BABYSの「あとひとつ」でした。このCDは、田中将大投手がジャケットを飾っているCDで有名です。

そして優勝が決まったまさにその瞬間、このCDの、アマゾンの在庫が一瞬でなくなり、プレミア化しました。数日間この「お祭り」が続き、最初からこの商品で稼ぐことを狙っていた人はかなり稼げたと推測できます。こうしたうれしい興奮する出来事があると、感情が揺さぶられ、感情で品物を買ってしまう傾向にあるので覚えておくと稼ぎやすくなります。

お祝い事であっても、なかには価格が上がらないケースもあります。人気芸能人が結婚したなどの話題は一般的にはお祝い事ですが、ファンからすると、うれしくないことでもあったりします。

そういう場合は、それまでついていたプレミアが逆に下がる場合もありますので注意が必要です。

2. 悲報

これについては不謹慎ですが、有名人が亡くなると、その関連グッズが高値になります。有名どころでは、マイケル・ジャクソンが亡くなったときに、関連するＣＤやグッズが急激に上がったりしました。

高値になる期間はほんの一瞬で終わるケースと、かなり長い期間その傾向が続く

■東北楽天イーグルスの日本シリーズ優勝で「プレミア化」（「あとひとつ」の価格推移）

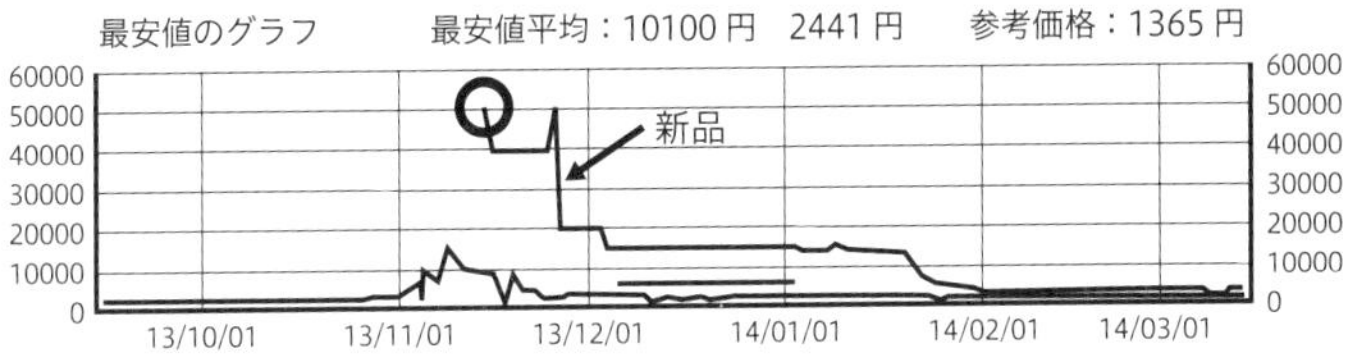

13/11/14には49,800円にまで値上がりしプレミア化

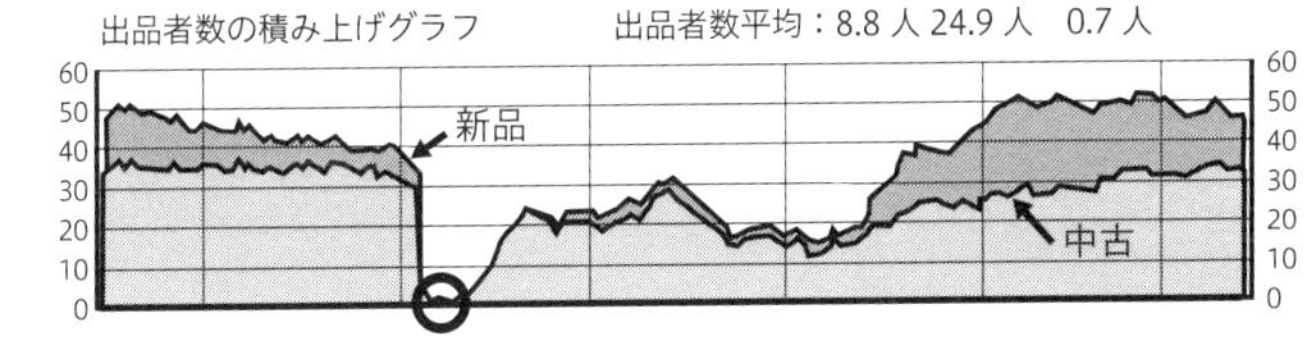

優勝が決まった13/11/3以降一気に売れた

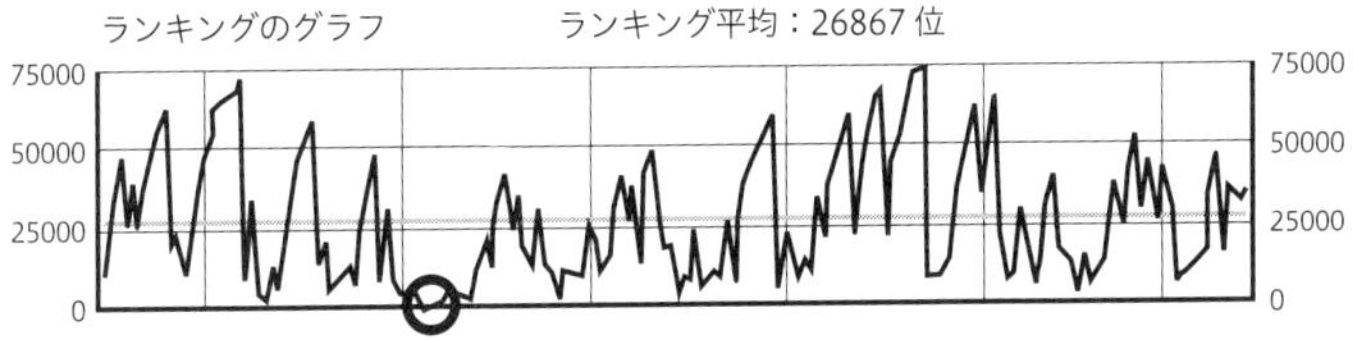

アマゾンランキングも一気に上位へ

※アマショウをもとに作成

ケースがありますが、その人のファンの多さ、つまりマーケットの大きさで変わります。

亡くなったときは、不謹慎ではありますが、注意しておくと稼げることも多いです。世間の相場と市場の相場が一気に変わるので、多くの市場では価格を変える対応に時間がかかるものです。その間に一気に仕入れて販売することで利益を出すことができます。こうしたものを取扱うかどうかは価値観の問題だと言えるでしょう。

3. 衝撃

これについては、おめでたくない理由で話題になったときに、テレビなどで話題になり市場の価格が変動することがあります。以前あった事例では、80年代から90年代に活躍した有名アイドルが逮捕されたときに、「あの清純アイドルが、まさか！」という衝撃を生み、テレビで報道されることによって、お茶の間の関心を引き、関連グッズの価格が軒並み上がりました。

4. デビュー・引退

これも、まさに心が動かされるときではないでしょうか？

人の人生が節目を迎える瞬間というのは、見ていて心が動かされるものです。

例えば、２０１３年９月にアニメ映画監督の宮崎駿さんがイタリア・ベネチアで突然の引退を表明しました。「もう宮崎駿の新作映画は見られない」と思ったジブリファンは過去の作品をもう一度見返します。そして監督が、初めて監督した「ルパン三世カリオストロの城」に興味が行きました。

テレビでの放送があってから、高い期間は短かったですが、一時は倍ほどの価格がついていたりしました。

こういう視点ももっていると、ニュースの記事から稼ぎにつながる発想に広がります。

第7章

月100万円以上稼げる「家電」攻略法

ネットせどりで、もっとまとまった金額を稼ぐなら家電がおすすめです。本章では家電で稼ぐノウハウを紹介します。

NET SEDORI

稼げる仕入れ先を見極める視点

家電のネットせどりでは、インターネット上に存在する、数々のショップごとの特徴をつかむことで大きな利益を出すことができます。

つぎの5つの特徴をつかんでいくと、仕入れは格段にしやすくなります。

1. どのような店がネット上にあるのか？

まずは、大手量販店のネットショップがあります。ヤマダ電機や、ヨドバシカメラ、ビックカメラなどの大手は仕入れ対象になるので覚えておきましょう。

他には、ネットだけでショップを出している店もたくさんあります。価格ドットコムなどで商品を検索して安く売っている店は、仕入れ先の候補店舗と考えてよいでしょう。

こうした安く販売している店を自分で探し出すことで、仕入れる店が増えていきます。グーグルで「家電　販売店」などのワードで検索をかけて、自分なりの仕入れができるお店を作っていきます。

ネットせどりを始めるにあたって、最低限覚えておいたほうがよいショップを書いておきます。

ヤマダ電機、ビックカメラ、エディオン、ケーズホールディングス、ヨドバシカメラ、ジョーシン、コジマ、ノジマ、ベスト電器（ネット上ではイーベスト）といった大手量販店はまず覚えておきましょう。

2. どんな方法を使ってお客様を呼び込んでいるのか？

リアル店舗の場合、集客のために日曜日などにセール品を掲載したチラシを入れることが多いですが、ネットショップの場合、チラシの代わりに、メルマガをおもな集客の手段として使っています。店がメルマガを発行しているなら登録するようにしてください。お客様を呼び込む仕組みを把握しておくことで、格段に仕入れがしやすくなり稼げるようになります。

お店を運営している限り、集客は絶対に必要ですので、お店がどのような方法で集客しているのか知っておくと稼ぎやすくなります。

3. どのようなセールを行なっているのか?

セールの種類については後述しますが、決算月には在庫70%オフのセールを行なうなど、定期的に実施している店には傾向があります。その傾向をつかめば稼ぐことができます。

4. 購入制限がある店かどうか?

購入制限があると、数多く仕入れることができないので、大きく稼ぐことはできません。ただ、制限の有無を知っているだけで、セール時の対策に差が出ます。お一人様1つの制限がある店舗なのか、複数買いを容認しているお店なのかを、把握しておく必要があります。

多くの店舗は、ネットせどりを行なう人(複数買う人)をよく思っていませんし、多くのお客様に品物を買ってもらいたいために、1商品1個という制限つきのお店が多いです。なかには、3個5個は当たり前、一気に50個、100個買えるような購入制限のないお店もあります。どちらかというと、中堅どころの店舗や、ネットに特化したような店舗に多い傾向にあります。こうした店をどれだけ見つけられるかが、ネットショップ仕入れで大きく稼ぐコツの1つです。

5. セールはリアル店舗と連動しているか？

リアル店舗でセールをやっていると、同じ品物がネットでも販売されている場合があります。もちろん逆もしかりです。ネットで在庫が残っていた場合は、その系列店では、店舗でも在庫が残っている場合もあります。これを知識として知っておくだけで仕入れ数が増加し、結果として利益が倍増します。

NET SEDORI

「決算月」は安く仕入れるチャンス

家電を仕入れて稼ぐときは、決算月を意識することで、稼ぎを増やすことができます。決算前になると店側も売上を作っていかないといけないので、必然的にセールも多くなり、安い商品がたくさん出てきます。それに合わせて仕入れていくことで、ふだんよりも仕入れがしやすくなります。

代表的な店舗の決算月を書くと、

・ヤマダ電機　3月
・ビックカメラ　8月
・コジマ　3月
・エディオン　3月

・ケーズデンキ　3月
・ノジマ　3月
・ヨドバシカメラ　3月
・ジョーシン　3月
となっています。

もし近所にこれらの店があれば、決算月に買いに行くことで、安く仕入れられます。とくに、元をたどれば一緒の系列店の場合もあります。例えば、ビックカメラがセールをしていると、ソフマップでもやってないかなどと、発想を切り替えられるとさらに稼げるでしょう。

ポイントは「相手が売上を作らないといけない時期がある」ことを把握して、仕入れの際に活用することです。グーグルで、「○○電機　決算」などと入れることで、決算月を調べられます。

NET SEDORI

セールのなかでもとくに「稼げるセール」は？

ネット上のセールにも特徴があり、どういうセールが稼げるかを知っておくことで、このショップのこのセールは、以前稼げたので見てみようとか、今回のセールは値引き幅が大きいなぁ。ちょっとリサーチしてみるか？　という判断ができるようになります。

なかでもシークレットセールは、購入額の多いメルマガ会員を招待して行なわれるセールです。メルマガに、シークレットセール会場のリンク先とシークレットコードとともに送られてきます。シークレットセールはなかなか見つけられるものではありませんが、招待されるとやはりうれしいものですし、稼げる商品が見つかります。

ネットでもリアルでもセール時は本当に稼ぎやすいので、始めのうちはセール情報はすべて見てみるくらいで考えたほうが、遠回りのようで実は一番の近道です。

■安く仕入れられるセールの種類

セールの種類	セールの内容
ナイトセール	夜間に行なわれるセール。店にもよるが20時～8時くらいに行なわれるのが一般的
土日限定セール	会社員をターゲットに行なわれる、土日限定セール
タイムセール	ある日にちや、時間帯にだけ行なわれるセール
メルマガ会員限定セール	メルマガ会員を対象にした限定セール
シークレットセール	ショップから案内されるコードがないとセール会場に入れないマル秘セール。買い上げ額の多い人に案内が来る傾向にある
決算セール・利益還元セール	決算に向けて売上を作りたい企業が行なうセール
閉店セール	ネットショップでも閉店セールがある。通常ではなかなか見られない値段で買えることもある
アウトレットセール	箱の状態に難があるなどの理由によって格安で販売されるセール
ポイント還元セール	通常よりもポイントが高くつくセール。将来的に安い仕入れにつながる
法人限定セール	個人ではなく法人限定のセール

NET SEDORI

お店の「目玉商品」がわかるキーワード

ネット上にある商品をただやみくもに探すのは効率的ではありません。とはいえ、ネット上で販売側が商品を売るためにつけている「売り文句」に注目すれば、効率的にリサーチすることができます。

同じ時間をかけてリサーチするなら、稼げるであろう商品に絞って検索したいものです。ネットだからこそ、わかりやすい売り文句が商品についていることが多いのです。

それをキーワードとして検索すれば、稼ぎやすい品物を見つけられます。

例えば、**「限定○台」「お一人様1台限り」「タイムセール」「在庫処分」「在庫限り」「未使用品」「生産完了品」「台数限定」「○○％ＯＦＦ」「アウトレット」「値下げ」「特価品」**などのキーワードは儲けにつながりやすい言葉です。

こうした言葉が商品の売り文句として入っているときは、通常よりも安く仕入れることができる「お宝」の可能性があります。私自身の場合、「台数限定」「生産完了品」「未使用品」というキーワードで、よく稼げる商品を発見できています。

ポイント値引きが10％などとついているものは、「まだ値引きする余裕がある＝市場からするとあまり安くない」という図式も基本的に成り立ちます。定価があるものは値引き幅もチェックしましょう。

「お買い得なので買ってください」というメッセージ

このように、ネット上には「売り手の売りたいメッセージ＝お買い得なので買ってくださいというメッセージ」が込められているものがたくさんありますので、それを読み解いてリサーチをかけてみてください。

NET SEDORI

「未使用品」「未開封品」の定義を理解する

家電で大きく利益を取るためには、「未使用品」「未開封品」というキーワードが欠かせません。

例えば、リサイクルショップに行ったことがある人ならわかると思いますが、リサイクルショップに品物を売りに来る人は千差万別です。

個人が、会社のゴルフコンペで当たった商品が不要なので新品のまま売りに行くこともあります。大手の業者が店で売り切れないので、リサイクルショップに一括で処分に来ることもあります。

そういう新品商品を買い取った店は、いちいち開封するのは面倒だとか、店頭でもちょっとでも高値で売りたいなどの理由から、中身を開けずに、未開封品として販売することがあります。それを買ってアマゾンやヤフオクなどに出品するという方法で稼げることもあります。

「それは中古ではないか？」という意見もあるでしょうが、アマゾンマーケットプレイスコンディション・ガイドラインで規定されている新品の定義は、「未使用かつ未開封で、元の包装のままで同梱品がすべてそろっている商品」です。「メーカーのオリジナルの保証書の有無、ある場合にその保証の詳細、メーカーのオリジナルの保証書ではない保証書がつく場合にはその保証の詳細をコンディション詳細の記入欄に記載する必要がある」とあります。

そういう基準から考えると「未開封品・未使用品はアマゾンで、新品で出せる」ということになります。「未使用かつ未開封」というところがポイントです。開封しているものは、アマゾンでは新品として出してはいけません。

使っていなければ「未使用」などと思う気持ちはわかりますが、アマゾンでは、詳細に状態によってコンディションが分けられています。

出品するまでに、「アマゾンマーケットプレイス コンディション・ガイドライン」と、検索サイトで調べてみてください。カテゴリーごとに、どの状態で出していいかがわかります。

NET SEDORI

「新品」「ほぼ新品」も区別して出品する

現在のアマゾンで、間違って出品している人が多いのですが、アマゾンでの家電商品の新品の基準は、「あくまで新品かつ、未開封の状態の場合のみ」です。一度も使っていない新品でも、開封していると新品ではないという基準のようです。

例えば、デジタルカメラなどの商品を、大手量販店などで買って、保証書にハンコを押された品物をアマゾンで売る場合は、アマゾンの見解としては、厳密に言うと本来は「ほぼ新品」ということになります。ほぼ新品とは、「見たところ未使用で、完全な状態にある商品」とあります。

ただ、アマゾンでは、「新品」での出品と、「ほぼ新品」での出品では、大きく売れ行きに差が出てくるので、いまの家電せどりを行なっている人は、例えば、「平成26年1月1日からの大手量販店の印が押されています」などと書いて新品で出品していることが多いのが現状です。ただ、お客様からすると、説明文に「ヤマダ電機の印が押されています」と書かれていると、転売していることがひと目でわかり、あまりよい印象をもちません。

保証期間も普通は1年間あると思って買いますが、実際には10か月しかなかったなどで、トラブルになることも少なくありません。トラブルになるかどうかはお客様次第ですが、家電せどりをする人が増えるとアマゾンも何らかの対応をしてくると思いますので注意が必要です。

あと、展示品も「新品」で出してはいけません。「開封したら中古」というアマゾンの見解なので、展示品は「ほぼ新品」で出してください。それで返品をされても文句は言えませんし、悪い評価を書かれてしまうこともあります。

たとえ説明文に書いていたとしても、お客様は新品の場合はとくに、最安値の価格だけを見て説明文はあまり見ない傾向があるので、これは、ぜひ注意してください。

NET SEDORI

「メルマガ会員」にはならなきゃ損！

ここまで読んだみなさんはおわかりだと思いますが、稼ぎは仕入れで決まり、仕入れは情報で決まります。まずは、質の高い情報が定期的に入ってくるシステムを作っていく必要があります。その1つの方法が、メルマガ会員になることです。これをやらない人が案外多いのですが、大きく利益が取れるのでぜひやってください。

メルマガ用のアカウントを作っておく

特価品情報を得るためだけのメールアドレスを取得して、そこに情報を一気に集めるのがおすすめです。仕事から帰ってからの時間や手の空いた時間に、そのメールボックスを見ることで、リサーチすべき店舗がおのずと見えてきます。

さらに、セールしているからといってやみくもに見ていくのではなく、そのショップがどういうセールをしていたときに、何を売っていて何を買ったかを覚えておくとよいでしょう。そうすることで、「年末のこの時期には、もうすぐあの店舗でセールが始まるはずだ」などと、セール情報を先読みすることができます。

私のおすすめのメルマガは、ビックカメラやヨドバシカメラ、エディオンやジョーシン、ノジマなどが大手量販店のものです。大手以外では、イートレンドなども、「複数買い」ができるお店なので私は大好きです。Qoo10（キューテン）も、信じられないような安い値段で品物が販売されていることもあります。

忘れてはならないメルマガは、手前味噌ですが、私のメルマガです。「★せどり歴20年★ヤフオクで継続的に月10万円稼ぐ方法」(http://archive.mag2.com/0000287149/index.html) というメルマガです。その時々の稼げる旬の情報を配信しています。これはぜひ登録してくださいね。

メルマガは、手当たり次第に登録して、あまり有用でないメルマガは解除してもよいでしょうし、一度でも買ったお店だけを1つひとつ登録しておいて、精度を高めていく方法もよいでしょう。

NET SEDORI

中古家電を売って1品で利益3万円!

ヤフオク!では、普通に売られている中古家電ですが、実はアマゾンでは、新品と比べると、中古家電はそれほど売れません。アマゾンの場合は文字情報だけなので、動作のトラブルや、傷の状態、付属品の有無がわかりにくいからだと考えられます。そのため購入者が少ないのが現状です。

ただ、これを書いている数か月前から、アマゾンにも中古品のページに写真を掲載できるようになりました。これは画期的なことで、ヤフオク!のように視覚で相手に訴えかけられるようになりました。認知されるまでには時間はかかるとは思いますが、これからは中古家電をリサーチ対象に加えていく方法でも十分稼げるようになると私は考えています。リサーチの方法については、前述したアマショウやプライスチェックで売れるかどうかを調べてから仕入れてみてください。

中古しかない人気商品に注目する

中古品の狙い目は「新品がなく中古だけ販売されているもので人気のある品物」です。新品として需要が高いものは、中古も売れる傾向にあります。

まったく売れないのは、中古だと欲しがる人がいないものです。例えば電動歯ブラシなどは、人が使ったものを使いたい人がほとんどいないのでまず売れません（一部のマニアには売れるかもしれませんが）。

私が家電せどりを始めたときは、ジョーバと呼ばれる（乗馬フィットネス機器）の転売から始めました。30キログラムほどあり、ＦＢＡ（96ページ参照）には送れないので自己出品で販売していました。売れるまでは自分でダイエット器具として使いながら、売れたらヤマト便で発送していました。ヤフオクで中古品を３０００円ほどで仕入れて、アマゾンでは３４０００円ほどで当時は売れたのです。重たいけど、稼げた面白くも懐かしい思い入れのある品物です。

このように中古家電にも稼げるものがありますので、チェックしてください。

NET SEDORI

家電で売れやすい色、売れにくい色

家電を仕入れるときに、多くの人が悩むのが「色」です。色によって、価格も売れ行きも変わってくるので、とても大切なものです。

家電に一般的によく使われる色は白や黒ですが、最近では色の種類も増えてきています。例えば、デジタルカメラやウォークマン、イヤホンなどは、直接持ち歩く品物ということもあり、嗜好が変わることから、さまざまな色が販売されています。

多くの場合、売れやすさの順に黒・白・銀・赤・紫・桃色（ピンク）などになることが多い傾向にあります。これは、もともと多くの家電に、黒と白を基調にしたものが多いことからも、人気が白や黒に集まっていることがうかがえます。

家電量販店やネットショップのセール品によく使われる色はピンクです。理由は一番売れにくい色で、売れ残っていてその処分に使われるからです。男性は、ピンクを好まない傾向があることも理由として考えられます。

家電を仕入れるときには色別にチェックする

家電を仕入れる際には、色にも注意することで、仕入れの幅が広がります。とくにイヤホンは、色が10種類くらいあるものもあります。アマゾンでは、商品のバーコードごとに、ＡＳＩＮと呼ばれるアマゾン独自の管理番号が振られており、それぞれに人気も売れ方も違うことがあります。1色の相場やランキングだけではなく、10種類あるなら10種類の相場をすべて個別にリサーチすることです。そうすればそのうちの1つの色だけが異常に高値で売れていて稼げる場合もあります。

価格を見る際には、最安値だけ見ないことです。最安値の金額は、商品単体の価格で、送料別という出品者もいます。1300円と表示されている品物でも送料も含めると1800円などで結局売れる品物があります。低価格帯（1000円～2500円ほど）の仕入れの際は、この送料部分が大きいので、ちょっと見ただけで、稼げないと決めつけないで、一度深くまでリサーチしてみることをおすすめします。

NET SEDORI

「生産完了品」なのに高値がつく理由とは？

家電で稼ぐには、「生産完了品」が狙い目です。いわゆる型落ち品です。

家電せどりでは、店頭で普通に売られている品物を仕入れても大きく稼ぐことは基本的にはむずかしいと言えます。店によってある程度の価格差はあっても、アマゾンの各種手数料を引くと、大きな利益を取るのは大変だからです。もちろん稼げないわけではありませんが、効率が悪いと言わざるをえません。

家電を販売して大きく稼ぐ場合には、メーカーや販売者側が早く売りたい「生産完了品（型落ち品）」を狙っていく必要があります。

生産完了品については、グーグルなどで「生産完了品　デジカメ」などと検索すると各メーカーの一覧が載ったサイトが出てきます。そこにある商品の売れ行きや相場をチェックして、仕入れするものを判断していきます。

古い家電がなぜ売れるのか？

古い家電が高値で売れるのか？　と疑問に思うかもしれませんが、人がその品物を買う理由を探っていけば、そういった売れないと思う気持ちを払しょくすることができます。

例えば、新製品になったとたんに、前まであった人気機能がなくなった場合や、逆に余計な機能がついたことで価格が大幅に上がった場合などには、旧品が売れることがあります。

私が過去に複数台販売したものだと、デジカメでニコンのCOOLPIXという機種に、プロジェクター機能を搭載した特殊な機種があります。デジカメのなかでは、GEとニコンの一部についている機能ですが、これもニコンでは、この機能がついている品物の新機種はないようで、一時期プレミアがついていました。このように、ある商品に人気が出て、高値がつく理由を探っていくと、稼げる品物を見つけられます。

こういった品物を探すときにカギになるのが、その商品のレビューを見て人気を探ることです。もちろんアマゾンで販売するので、アマゾンのレビューを中心に見ていくことが大前提になります。

価格コムなどのサイトにもレビューは載っていますが、操作方法の質問なども多いので、アマゾンのレビューだけでも十分です。価格コムには、その商品がどの店で売られているかなどの情報が書かれていることがありますし、そういうコメントを自分が書く（質問する）ことで情報を集めることができます。

お客様が欲しがる理由などがレビューには詰まっているのです。それがお客様の心理を読むことになり、価格差だけではなく、なぜ売れるかという根拠にもとづいた仕入れ方ができるようになります。

新製品かどうかわからないときには？

アマゾンで品物を調べていると、私のように家電をよく販売している者でも、その品物が新製品なのかそうでないのかが、イマイチわからないことがあります。

例えば先のニコンＣＯＯＬＰＩＸの品番の変遷でいうと、S1000pjから、S1100pj

になり、S1200pjになりました。だんだん数字が上がっていくのがわかると思います。

こういうのは、家電ではよくあることなのですが、お客様は、画面上に品物が出てきても、それが新型か旧型かを判断できないものです。

最近は、旧製品の品物の画面の下に「新作があります」と表示が出る品物もありますが、それでも古い品物は一定数売れます。アマゾンでカテゴリーを指定すれば、発売日順に並べ替える方法もあります。

そういったときに購入するか判断するのは、アマゾンでのお客様のレビューであったりしますので、ランキングを併用してリサーチしてみると、案外旧製品でも売れていることがわかると思います。試してみてください。

NET SEDORI

「周辺機器」は低リスク・高回転で稼げる

家電で、利益が取れるものに周辺機器があげられます。例えばスマートフォンは、スマートフォン本体以上に、その周辺機器が儲かることが多いです。

本体は一度買うと次に購入するまで、いまだと2年はかかります。それに比べて、電話機のケースや、充電器、バッテリー、ストラップ、保護フィルムなどの周辺機器は、本体よりも、買い替え需要が高くて回転もよいので稼ぎやすいのです。

機種の入れ替わりも早い傾向があるので、型落ち品や在庫処分品も出やすい傾向があり、安く購入できるのも魅力です。とくにパソコンの周辺機器もねらい目です。

例えばマウス、プリンタ、無線LAN、WEBカメラ、ハードディスク、USBケーブル、記録媒体（DVD・ブルーレイなど）といったものです。

パソコン関連商品には膨大な種類があります。本当に狙い目ですので、最初はこの

COLUMN

リスクを取れば競合出品者は減る

HDレコーダーなどの録画機器に注目するのもよい方法です。仕入れに数万円かかりますが、数万円の利益が取れるものもあります。高価格商品はどうしてもリスクが高くなるので、競合出品者の数が一気に少なくなります。リサーチの精度を高めれば「リスク」はリスクではなくなり、1品で数万円の利益を上げるのもむずかしくありません。

周辺機器系から販売していくと稼ぎやすいです。

私の例で言うと、「maxell ビデオカメラ用 DVD-RAM 60分 3枚 10mmケース入 DRM60HG.1P3S A」が周辺機器でよく売れて利益も取れました。定価は1981円ですが、廃番のようで、599円で仕入れて、4980円ほどの金額で販売することができました。複数在庫をもっていたので、かなり儲けることができた商品です。

NET SEDORI

アマゾンの「偽ランキング」にだまされるな！

家電もランキングを参考にして仕入れることになりますが、表示上のランキングだけを見て仕入れてはいけない商品があります。ランキングはアマゾンで売れた実績に応じて1時間に一度ランキングが変動すると言われています。ただ、このランキングについて、一部あいまいな部分があり、実際に売れている数（実売数）と、ランキングが合わない品物があります。

家電を扱っているとそれをよく感じますが、仕入れて（購入して）からランキングが高いのに売れないということもありますので、つぎの点に注意してください。

①家電・カメラのカテゴリーでランキングが数十〜千程度の品物

②アマショウやプライスチェックで確認して、ランキングが平坦なもの

■ランキングが平坦なものは「偽ランキング」に注意

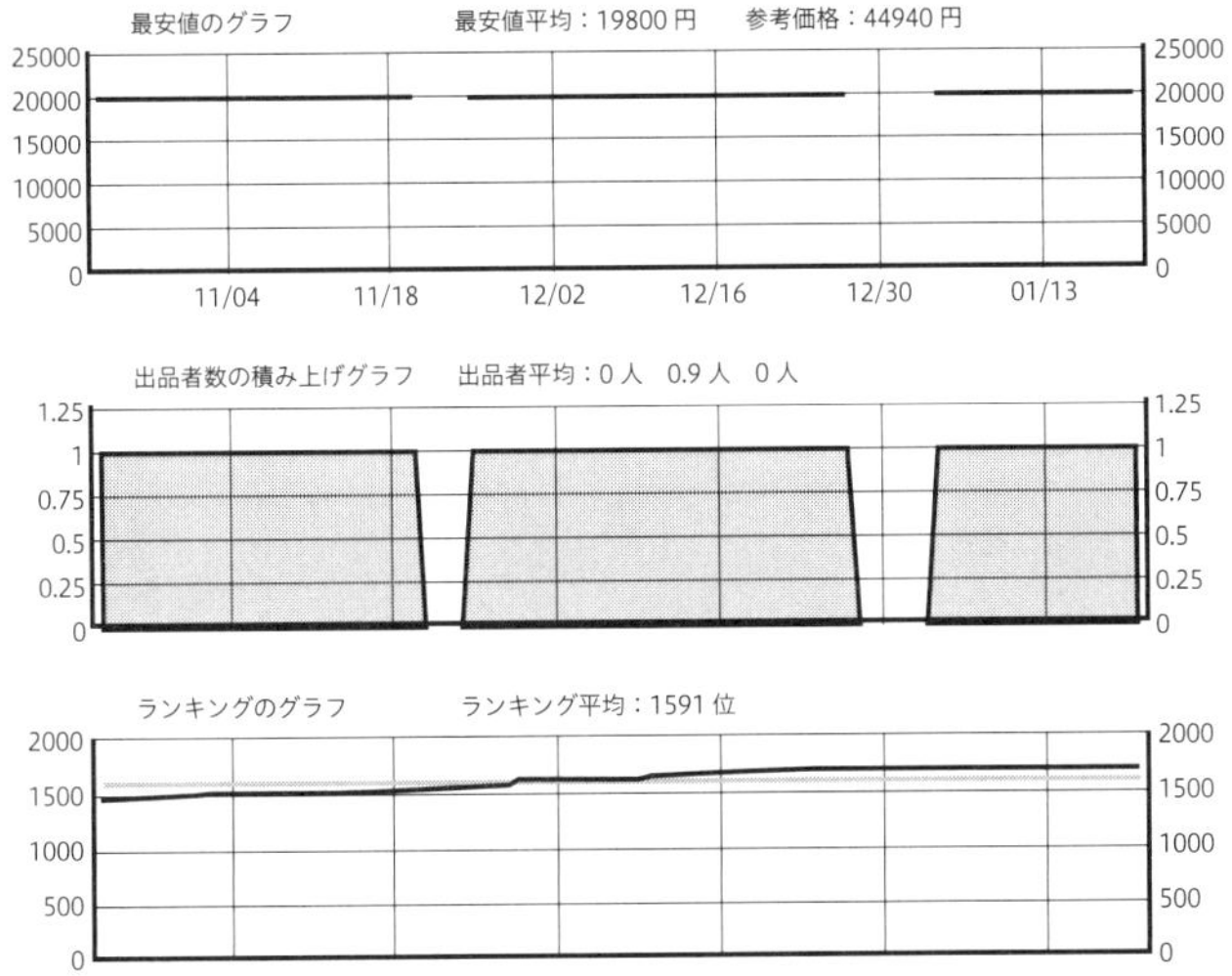

③総合ランク30位なのに、細分化したランキングが５００位などの場合

①は基本的には悪いことではないので、①の後に、②と③の状況があったら売れない品物だという判断をして、まずは、複数買いはしないほうがよいでしょう。

とくに②が一番わかりやすいので、上に画像を示しておきます。こういう場合はランキング１５００位ですが偽ランキング。アマゾン側のシステム内での問題なのか、表示がおかしい品物です。まず買っても売れないと考えてよいでしょう。

NET SEDORI

「メーカー保証」はどうなるのか？

「アマゾンで家電を販売していると保証（書）はどうなるか？」

家電販売についての代表的な質問の1つです。

まず私どものような再販する者はメーカーにはいい顔をされていないのが現状です。商品を店舗で仕入れて、販売する行為はメーカーとしてはよろしくない行為だからです。本来はメーカーから卸へ、卸から販売店に品物が流れますが、その川下に私たちがいることになります。

そうした立ち位置にいる私たちが販売したものをお客様が買った場合に、保証の問題がどうなるかがみなさん気になるようです。私がメーカーに問い合わせて確認したところ、メーカーによって対応は違いました。メーカー内でも、カメラと、パソコン機器の場合で対応が違うということもありましたので、これについては順次対応していくしかありません。

【ヤフオク！でお客様が品物を買った場合】

保証書に印がない場合は、買ったことを証明しにくいので、保証は受けられないと考えたほうがよいでしょう。保証書に印がある場合は、買ったことを証明はできるのですが、買った本人でないと受けられない場合や、自分が店で買っていなくても保証期間が残っていると受けられる場合があります。

【アマゾンで保証印を押さないまま出荷した場合】

無記名の保証書と、注文書（アマゾンの伝票）がそろっていれば受付してもらえるメーカーが多いようです。一部のメーカーは保証印が必要だと言っていました。

家電を販売するときには、保証印を自分で押すことはせずに、購入したままの状態を説明文に書いて、お客様側に伝え、販売することが、現状で取れるベストの方法だと考えます。

NET SEDORI

大量仕入れする前に「再販リスク」に注意！

仕入れのときに、一番注意しておかなければならないことは「再販」です。

一般的に、ＣＤやＤＶＤなどの初回限定版の商品は再販されないことが多いですが、それでも一部の品物は再販されることもあります。有名なところでは、「ももいろクローバーZ　バトル アンド ロマンス」というＣＤがあり、絶版で高いときは、２万円以上の価格がついていましたが、アンコールプレス版が途中で再販されてしまい、定価以下の価格で同じ品物が買えるようになった事例もあります。フィギュアなどにはさらに再販が多いので注意が必要です。

では、家電の章でなぜ再販に気をつけようと書いたかと言うと、再販の情報が少なく、知らずに大量買いしていると、大きく損をする可能性があるからです。

再販があるかどうかを調べる方法は、アマゾンが販売している品物の場合は、アマゾンの在庫がなくなったときの文章をよく読むことです。

1. 一時的に在庫切れ：入荷時期は未定です
2. 在庫切れ
3. この商品は現在お取り扱いできません

最も再販しない可能性が高いのは3の表記です。メーカーの在庫が切れており、入荷見込みが立っていないため、注文を受けつけられない場合に表記されます。

2は、メーカーで在庫切れのため、一時的に注文を受けつけられない場合。商品によっては、入荷しだい、Eメールでお知らせする場合に表記されます。

1は、配送センターに在庫がないため、仕入先から商品を取り寄せる場合に表記されます。仕入れ元に在庫がない場合は、発売中止または在庫切れとなることもあります。


あとは、価格コムなどで調べて、他のショップには在庫があるかを確認することで

■店舗数が少ない商品は狙い目

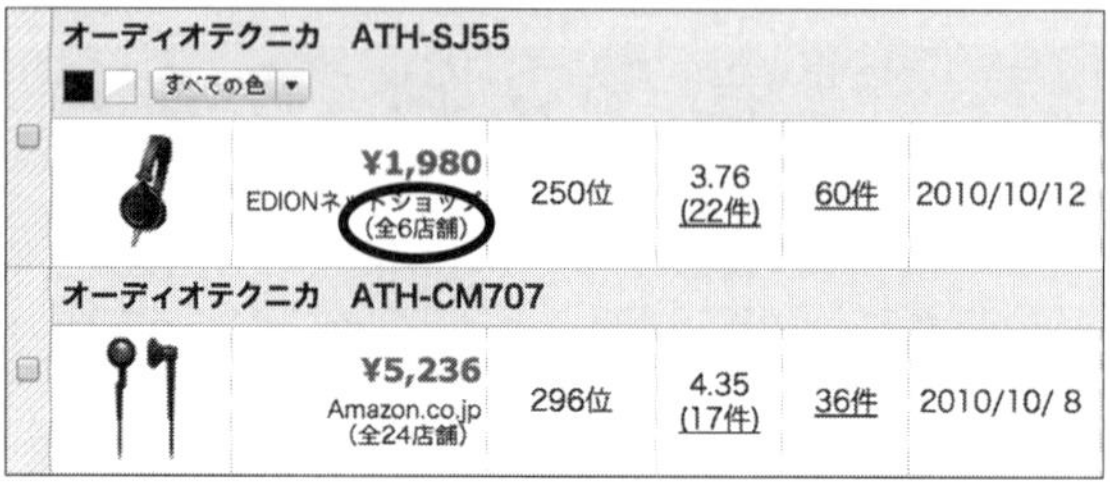

オーディオテクニカ　ATH-SJ55					
■　すべての色 ▼					
¥1,980 EDIONネットショップ (全6店舗)	250位	3.76 (22件)	60件	2010/10/12	

オーディオテクニカ　ATH-CM707					
¥5,236 Amazon.co.jp (全24店舗)	296位	4.35 (17件)	36件	2010/10/8	

（価格.com より）

す。調べてみて、販売している店が新製品は24店舗あるのに、調べた品物は6店舗しか扱っていないときなどは、市場の在庫が基本的に減っていると考えて良いでしょう（人気がないだけのこともあるので注意は必要）。

写真を見ていただくとわかりますが、扱い店舗が少ないほうが、再販しない、市場からなくなりつつある品物であることがわかります。

再販の可能性を見極めるためには、メーカーサイトを見るのが一番です。

廃番の品物は廃番だとわかるように表示されています。そうした商品は市場に残っているものが、すべてになります。まれに一部の家電量販店だけ、廃番になった品物が大量に出てくることもありますが、全部の在庫を調べつくすことはできないので、臨機応変に対応していくことになります。

NET SEDORI

トラブルはレビューで回避できる

アマゾンには「レビュー」と呼ばれる、お客様の生の声を書く場所があります。家電で大損しないためにも、仕入れる前にこのレビューをよく読んでください。

家電を取り扱う場合に気をつけたいのが不良品です。日本製の商品であれば不良品はあまりないと思うかもしれませんが、実は一定の割合で壊れます。とくに二流メーカーの品物などは壊れやすいこともあります。

私が経験した事例だと、自己出品の場合に、「二〜三度使って壊れました。どうしましょう?」という連絡が来た場合や、FBAを使っているときなどは何の連絡もなく直接アマゾンに返送されてきたケースもありました。

アマゾンでは、店頭で買ったときと同じく、不良品の場合、販売した人にそのまま返品してくることが多いです。直接修理を依頼する人は少ないです。

そうなると、金額が高い家電を返品されてしまうと、儲けるどころか大損してしまう可能性もあります。こうしたリスクの芽は先に摘んでおくことが重要です。

不満を書いたレビューを読んでおく

その方法の1つが、お客様が書いているレビューを読み込んでおくことです。「リモコンによく不具合が出ている」「ハードディスクにトラブルがある」「ここの修理センターは、お客様を平気で1時間ほど待たせる」「修理をお願いするのに買い手が送料を負担しなくてはいけない」などがないか、レビューをチェックします。

不満を書いたレビューが多い製品は、高値で売れても、返品やトラブルの温床になります。精神的な負担やストレスも大きいので、やめておくほうが無難でしょう。

トラブルにつながりやすい他の例としては、「初期設定がむずかしいもの」「型番がややこしく、購入者側で自分の欲しいものとの相違が起きやすいもの」があります。販売できたとしても、返品リスクが高い傾向がありますので、仕入れるときには慎重にしたほうがよいでしょう。

浅井輝智朗（あさい　きちろう）
1977年生まれ、大阪府在住。日用品卸の会社のシステム管理部のマネジャーとして働くかたわら「ネットでせどり」を行なう。物販、Amazonをメインに、単価が高い商品を効率よく売りさばく手法で、現在副業で月商400万円、利益100万円を毎月稼いでいる。せどりビジネスの第一人者として、セミナーやコンサルティング活動もしており、コンサル生の多くも月商100万円を突破している。自身の運営するメルマガ「★せどり歴20年★ヤフオクで継続的に月10万円稼ぐ方法」はまぐまぐで殿堂入りしている。

月《つき》10万円《まんえん》ラクに稼《かせ》げる「ネットせどり」入門《にゅうもん》

2014年4月20日　初版発行
2014年5月10日　第2刷発行

著　者　浅井輝智朗
発行者　吉田啓二

発行所　株式会社日本実業出版社　東京都文京区本郷3-2-12　〒113-0033
大阪市北区西天満6-8-1　〒530-0047
編集部　☎03-3814-5651
営業部　☎03-3814-5161
振　替　00170-1-25349
http://www.njg.co.jp/

印刷／厚徳社　　製本／若林製本

この本の内容についてのお問合せは、書面かFAX（03-3818-2723）にてお願い致します。
落丁・乱丁本は、送料小社負担にて、お取り替え致します。

ISBN 978-4-534-05179-0　Printed in JAPAN